Becker · Motorrad-Oldtimer

Thomas Becker

MOTORRAD-OLDTIMER fachgerecht restauriert

Motorbuch Verlag Stuttgart

Einband und Schutzumschlag: Siegfried Horn.
Das Titelbild zeigt die Frontpartie einer 1000er „Neander", Baujahr 1928/29.

Fotoquellen: Sämtliche Abbildungen vom Autor

ISBN 3-87943-765-3

2. Auflage 1984

Eine Abteilung des Buch- und Verlagshauses Paul Pietsch GmbH & Co. KG.

Satz und Druck: Druckhaus Schwaben GmbH & Co. KG, 7100 Heilbronn.
Bindung: Verlagsbuchbinderei Karl Dieringer, 7000 Stuttgart.
Printed in Germany.

Inhalt

Vorwort

Dieses Buch will sich an den wenden, der irgendwo vielleicht noch ein altes Motorrad stehen oder eins käuflich erworben hat und es nun restaurieren will. Es soll besonders für den Neuling in diesem Metier eine Hilfe sein, sowohl bei der Instandsetzung als auch beim Beschaffen von Ersatzteilen. Aber auch für den „Fortgeschrittenen" wird der eine oder andere brauchbare Hinweis zu finden sein.

Das Buch ist speziell über das Restaurieren von Vorkriegsmotorrädern geschrieben. Es beinhaltet aber wegen seiner allgemeinen Darstellungsweise auch die Probleme, die bei der Instandsetzung jüngerer Maschinen auftreten.

Aufgabe dieses Buches kann es nicht sein, jeden Fahrzeugtyp in allen Einzelheiten zu beschreiben, sondern es soll anhand von allgemeinen Hinweisen und Beispielen gezeigt werden, wie beim Restaurieren vorgegangen werden muß und wie die auftretenden Schwierigkeiten bewältigt werden können, sodaß der Leser in der Lage ist, auch Fälle, die in diesem Buch evtl. nicht beschrieben sind, in den Griff zu bekommen.

Es soll an dieser Stelle aber auch ganz klar gesagt werden, daß man gewisse Voraussetzungen mitbringen muß, ohne die es sinnlos ist, sich an das Restaurieren eines Motorrades zu wagen. Diese Voraussetzungen sind: sehr gutes handwerkliches Können, Zeit und Geduld. Natürlich fordert solch eine Restauration auch einiges an Geld. Überprüfen Sie, ob dies alles auf Sie zutrifft. Andernfalls wäre es vielleicht ratsam, sich ein bereits restauriertes Fahrzeug zuzulegen. Der eigentliche Reiz an der Sache geht dann natürlich verloren, obwohl es auch sehr interessant sein kann, mit dem Fahrzeug an Rallyes teilzunehmen, wo man unter Gleichgesinnten ist und die Zuverlässigkeit seiner Maschine unter Beweis stellen kann.

Aber was ein „echter" Veteranenfreund ist, der hat die Maschine, mit der er an einer Rallye teilnimmt, auch selbst restauriert, und merkt deshalb auch eher, wenn dann mit seinem Motorrad eventuell etwas nicht stimmt.

DKW SB 200 vor dem Restaurieren

Die gleiche Maschine nach dem Restaurieren

Einleitung

Sie haben sich nun, trotz des vielleicht entmutigenden Vorworts, entschlossen, ein Motorrad zu restaurieren. Sei es, daß Sie eine alte DKW oder BMW seit Jahren im Schuppen stehen haben, und nun wieder zum Leben erwecken wollen; sei es, daß zum Beispiel durch den Besuch eines Museums oder einer Veteranenrallye bei Ihnen Interesse für diese alten „Schätzchen" geweckt wurde und Sie deshalb mit dem Gedanken spielen, sich ein altes Motorrad zuzulegen.
Hier zum Kauf noch einige wichtige Tips. Um an eine brauchbare Maschine heranzukommen, braucht man einiges Geschick. Es gibt da verschiedene Möglichkeiten. Einmal kann man durch Zeitungsanzeigen an brauchbare Exemplare kommen, manchmal werden selbst in Tageszeitungen alte Motorräder angeboten – das Angebot ist natürlich regional verschieden. Zum anderen werden auch bei Rallyes Fahrzeuge angeboten. Ferner besteht die Möglichkeit, bei dem jährlich in Mannheim stattfindenden Veteranenmarkt die passende Maschine zu bekommen. Dieser Veteranenmarkt ist überhaupt eine gute Anlaufstelle für alle die, die Veteranen bzw. Ersatzteile für ihr Fahrzeug suchen. Der Markt findet immer an einem Wochenende Mitte Oktober auf dem Maimarktgelände in Mannheim statt.
Man soll aber gerade als Neuling auf diesem Gebiet nicht der Versuchung erliegen, ein möglichst altes und ausgefallenes Motorrad zu erwerben, da die Ersatzteilbeschaffung für derartige Fahrzeuge sehr schwierig sein kann. Als erste Maschine empfiehlt sich eine DKW oder ähnliches aus den 30er Jahren. Diese Motorräder hatten Zweitakt-Motoren und Antrieb durch Kette. Es entfällt also schon die Überholung von Ventil- und Kardanantrieb. Besonders für DKWs bekommt man heute noch bei manchen ehemaligen DKW-Händlern Ersatzteile für diese Vorkriegsmodelle, die seinerzeit in sehr großer Stückzahl gebaut wurden. Außerdem waren sie durch die hohen Produktionszahlen weitgehend ausgereift und somit auch zuverlässig, was sich auf Rallyes bemerkbar macht. Haben Sie nun

Eine 98 cm^3 Wanderer vor –

– und nach dem Restaurieren

eine Maschine gefunden, die Ihren Erwartungen und dem vorher Gesagten entspricht, so urteilen Sie nicht nur nach dem Zustand bzw. Aussehen der Maschine. Denn es ist im Prinzip gleichgültig, ob das Fahrzeug etwas mehr oder weniger verrostet ist. Sie haben im Endeffekt mit einem stärker verrosteten Motorrad kaum mehr Arbeit, können es aber preisgünstiger erwerben. Das Geld, das Sie gespart haben, kann dann schon wieder in die Überholung investiert werden. Es muß natürlich auch gesagt werden, daß es keinen Zweck hat, ein Motorrad restaurieren zu wollen, das nur noch aus Rost besteht, und bei dem sich keine Schraube mehr bewegen läßt.
Viel wichtiger aber als der äußerlich sichtbare Zustand, ist die Vollständigkeit der Maschine. Fehlen wichtige Teile, die schwer zu beschaffen oder anzufertigen sind, so nehme man besser Abstand vom Kauf. Ebenso ist Vorsicht bei solchen Motorrädern geboten, die schon nachträglich „modernisiert“ worden sind, bei denen vielleicht irgendwelche Halterungen an Rahmen oder Gabel geschweißt wurden, die schlecht wieder zu entfernen sind. Es kommt auch vor, daß bei Motorrädern, die seinerzeit serienmäßig keine Lichtmaschine hatten, der Vorbesitzer nachträglich eine angebracht hat. Oft wurde dabei das Motorgehäuse beschädigt. Selbst so etwas läßt sich reparieren, es ist aber auf alle Fälle mit hohen Kosten verbunden.
Sie werden fragen, wie man als Anfänger feststellen kann, was original ist, und was nicht. Das Beste ist, Sie besorgen sich als erstes diverse Literatur, in der auch Bilder der verschiedenen Fahrzeugtypen enthalten sind, anhand derer man schon einige Feststellungen treffen kann. Weiter empfiehlt sich der Besuch von Museen und Rallyes, wo man Fotos von den Maschinen machen kann, an denen man evtl. interessiert ist.

1.0 Vorbereitungen

Bevor es ans Restaurieren geht noch folgender wichtiger Hinweis: Sollten Sie die Absicht haben, Ihr Fahrzeug später einmal zum Straßenverkehr zuzulassen, und Sie besitzen keinen Kfz.-Brief, so sollten Sie vor Beginn der Restaurierungs-Arbeiten zuerst die Besitzverhältnisse klären und das Kraftfahrtbundesamt (KBA) in Flensburg anschreiben, das Ihnen mitteilt, ob unter der entsprechenden Fahrgestellnummer dort etwas registriert ist, und ob gar etwa Ihre Maschine dort als gestohlen gemeldet ist.
Sie brauchen aber nicht vom Kauf eines Motorrades mit fehlendem Brief abzusehen, wenn Ihnen die Maschine sonst zusagt, denn sehr viele Fahrzeuge dieses Alters wechseln den Besitzer ohne dieses wichtige Papier. Es kann verschiedene Gründe geben, warum der Brief nicht mehr vorhanden ist. Er wurde für neue Fahrzeuge erst 1934 eingeführt, später dann auch für ältere. Für ein Motorrad, das vor dieser Zeit bereits stillgelegt worden war, kann also gar kein Brief existieren. Außerdem kann andererseits im Laufe von vielleicht vierzig oder fünfzig Jahren verständlicherweise mancher Kfz.-Brief verlorengegangen sein.
Wenn Sie also mit Ihrem Veteran ganz sicher gehen wollen, warten Sie mit dem Restaurieren, bis Sie Bescheid vom KBA haben. Die Antwort ist in der Regel in ein bis zwei Wochen da.

1.1. Reinigen

Sie haben nun das Motorrad Ihrer Träume vor sich stehen. Noch etwas schäbig, aber das soll sich ja ändern. Der Schmutz von vierzig Jahren ist auch noch vorhanden, und gerade der sollte als erstes entfernt werden, bevor man mit dem Zerlegen beginnt. Das Beste ist, wenn Sie mit Ihrer Maschine zunächst eine Tankstelle aufsuchen, die Ihnen diese schmutzige Arbeit abnehmen kann. Mit einem Dampfstrahlgebläse läßt sich näm-

lich der uralte Dreck mühelos entfernen. Dies ist meines Erachtens die einfachste Möglichkeit, da Sie Ihre eigene Werkstatt nicht beschmutzen, und auch nicht wer weiß wie lange mit Lappen herumputzen müssen, was mühsam und zeitraubend ist.
Um zu vermeiden, daß bei dieser Aktion Wasser in Zündanlage oder Motor gelangt, sollten Sie eventuelle Öffnungen gut verschließen. Dies ist besonders wichtig, wenn die Maschine nicht sofort zerlegt werden soll. Außerdem sollten Sie die Zündanlage bzw. Lichtmaschine vor der Säuberung ausbauen oder durch geeignete Plastikbeutel schützen. Ansonsten besteht aber keine Gefahr, daß das Wasser irgendwelchen Schaden anrichten kann; man muß ja schließlich auch bei Regen fahren können.

1.2. Fotografieren

Sauber ist Ihr „Prachtstück" nun und sieht doch schon wesentlich besser aus, oder? Jetzt geht es daran, es genauestens zu fotografieren. Sie werden fragen, was es für einen Sinn haben soll, außer vielleicht für ein paar Erinnerungsfotos, die Maschine in allen Einzelheiten zu fotografieren. Da sich die Restaurier-Arbeiten aber in den meisten Fällen über mehrere Monate hinziehen, werden Sie nach dieser Zeit kaum in der Lage sein, jede Einzelheit noch im Gedächtnis zu haben. Die Fotos können dann

Vor dem Zerlegen wird die Maschine fotografiert

eine sehr nützliche Hilfe sein. Je mehr Aufnahmen Sie machen, desto besser. Verknipsen Sie ruhig einen ganzen Film; es wird der Tag kommen, an dem Sie mit der Lupe über den Fotos sitzen, um irgendein Detail zu suchen.
Außerdem sollten Sie sich bestimmte Dinge, die Sie für wichtig halten und die vielleicht auf den Fotos schlecht zu erkennen sind, notieren. Sie glauben nicht, wie solche Kleinigkeiten den späteren Zusammenbau erleichtern können.
Gerade das Fotografieren ist die einfachste Möglichkeit, Details festzuhalten. Man drückt ein paarmal auf den Auslöser und hat alles festgehalten.

1.3. Werkzeug beschaffen

Zu den im Vorwort erwähnten Voraussetzungen, die Sie beim Restaurieren eines Veteranenmotorrades mitbringen müssen, gehört auch, daß Sie entsprechendes Werkzeug besitzen. Sollte das nicht vorhanden sein, so müssen Sie zwar einmal tief in die Tasche greifen und das nötige Werkzeug kaufen, aber ohne geht es eben nicht. Wenn Sie sich einigermaßen ausrüsten wollen, sind dafür leicht in paar hundert Mark fällig, aber mit dem Bordwerkzeug Ihres Pkw können Sie kein Motorrad zerlegen und wieder zusammenbauen. Neben den gängigen Schrauben-Maulschlüsseln in verschiedenen Ausführungen ist auch ein Universal-Zweiarmabzieher zu empfehlen, den man z. B. zum Abziehen von Zahnrädern usw. gebrauchen kann. Sollten Sie einen englischen Veteran besitzen, so benötigen Sie natürlich zusätzlich Zollwerkzeug. Versuchen Sie nicht, um das Geld für diese Werkzeuge zu sparen, Schrauben mit Zollmaßen mit metrischen Schlüsseln lösen zu wollen, auch wenn der Schlüssel „ungefähr" passen sollte. Ein verschandelter Schraubenkopf kann das Gesamtbild einer restaurierten Maschine sehr beeinträchtigen. Außerdem müssen Sie davon ausgehen, daß die Schrauben nicht nur einmal bewegt werden müssen. Besonders häßlich sieht auch eine verchromte bzw. vernickelte Schraube aus, die mit nicht passenden Schlüsseln „gequält" wurde. Es lohnt sich also schon, das richtige Werkzeug zu besorgen.
Sie werden beim Zerlegen sicherlich auch an Stellen kommen, wo Sie mit normalem, handelsüblichem Werkzeug nicht mehr weiter kommen; sei es, daß Sie eine Haltevorrichtung brauchen, um die Kupplung zu zerlegen, oder sei es, daß Sie einen speziellen Abzieher benötigen. Es bleibt in diesen Fällen nichts anderes übrig, als diese Hilfswerkzeuge selbst anzufertigen. Ich weiß, daß dies keine einfache Sache ist und einen auch bei der eigentlichen Restaurierungs-Arbeit nicht weiterbringt, ganz abgesehen

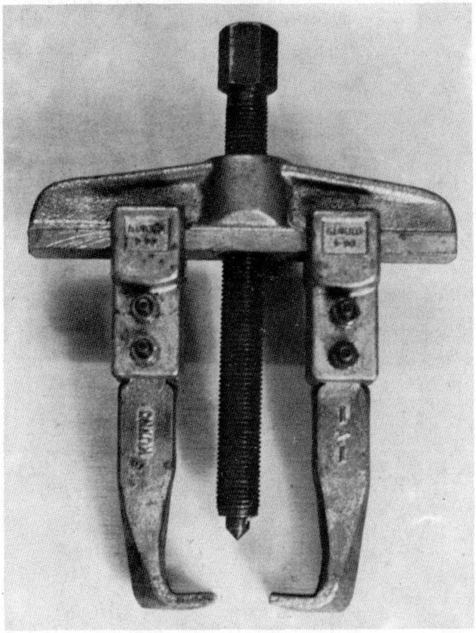

Einen solchen Zweiarmabzieher wird man häufiger brauchen. Die Anschaffung lohnt sich deshalb.

vom Zeitaufwand. Aber es muß eben sein. Denken Sie auch daran, daß es bei einer eventuellen späteren Demontage dann viel leichter und schneller geht; und daß einem mit durch eine Improvisation beschädigten Teilen auch nicht gedient ist.

1.4. Beschaffen von technischen Unterlagen

Das Restaurieren würde natürlich wesentlich leichter sein, wenn man Reparaturanleitung, Ersatzteilliste und Bedienungsanleitung von seiner Maschine hätte. Aber woher nehmen? Man kann ja nicht, wie früher, in ein Geschäft gehen und die Unterlagen erwerben. Aber dennoch gibt es verschiedene Möglichkeiten, an diese begehrten Unterlagen heranzukommen, wenn Sie nicht gerade ein zu ausgefallenes Fahrzeug besitzen.
Zum einen werden von verschiedensten Unterlagen inzwischen Nachdrucke angeboten. Außerdem gibt es auf Teilemärkten auch Fotokopien von Handbüchern und dergleichen. Sie erfüllen den gleichen Zweck wie die Nachdrucke, sind aber viel preiswerter.
Ferner kann man über die Mitgliedschaft in einem Markenclub eventuell an Unterlagen und Informationen gelangen. Man kommt dann auch mit anderen Mitgliedern in Kontakt, die einem vielleicht mit Rat und Tat zur

Solche Unterlagen können sehr hilfreich sein

Seite stehen können, da sie möglicherweise schon die gleiche Maschine restauriert haben.
Eine andere Möglichkeit, mehr über seinen Veteran zu erfahren, besteht im Besuch von Rallyes, wo man unter Umständen „seine“ Maschine trifft und den Besitzer nach dem, was einen interessiert, fragen kann. Vielleicht hat dieser dann sogar noch Ersatzteile, die Sie gebrauchen können; oder er kann Ihnen sagen, wo Sie welche kriegen können. Außerdem können Sie schon Erfahrungen für Ihre erste Rallye sammeln. Denn das ist der Lohn der ganzen Mühe: wenn man nach der ersten Rallye unbeschadet ins Ziel kommt.

2.0 Demontage (allgemeine Hinweise)

Bevor Sie mit dem Zerlegen der Maschine beginnen, sollten Sie sich überlegen, wie Sie das Restaurieren durchführen wollen. Sie können z. B. zuerst nur den Motor ausbauen und diesen überholen. Erst wenn er dann wieder wie neu auf der Werkbank steht, beginnen Sie mit dem Restaurieren der übrigen Maschine. Diese Methode erfordert zwar mehr Zeitaufwand, hat aber den Vorteil, daß man einen besseren Überblick behält. Die Teile von Fahrgestell und Motor geraten dann nicht so leicht durcheinander.
Zum anderen kann man sein Fahrzeug auch vollständig erst technisch in Ordnung bringen, alles zusammenbauen, und wenn alles einwandfrei paßt und auch funktioniert, wieder zerlegen. Anschließend werden dann die entsprechenden Teile vernickelt, verchromt oder lackiert. Diese Art des Restaurierens mag etwas aufwendig scheinen, empfiehlt sich aber gerade bei Maschinen, die man in sehr schlechtem und unkompletten Zustand erworben hat. Denn oft stellt man fest, daß vielleicht an ein schon fertig verchromtes Teil noch eine Lasche angeschweißt werden muß, oder daß eine bereits vernickelte Schraube doch noch um fünf Millimeter länger sein müßte, um noch irgendein Blech zu halten.
In der Regel aber wird man beim Restaurieren wohl den Weg gehen, daß der Veteran nur einmal zerlegt und dann endgültig zusammengebaut wird. Denn wenn es einen einmal „gepackt" hat, dann möchte man schnell vorankommen. Man hat dann immer mehrere Sachen zur gleichen Zeit in Arbeit. Während man z. B. auf die Instandsetzung der Kurbelwelle oder das Anfertigen eines neuen Kolbens wartet, kann man ja andere Teile schon lackieren.

2.1. Mit Überlegung vorgehen

Sehr wichtig ist es, beim Zerlegen und dem anschließenden Restaurieren

mit Überlegung vorzugehen. Das bedeutet, nicht wahllos mit dem Zerlegen zu beginnen.
Begehen Sie nicht im Übereifer den Fehler, zuerst vielleicht mal den Zylinderkopf abzunehmen, um in den Zylinder zu schauen, auch wenn die Neugierde noch so groß sein sollte. Treten Sie auch nicht gleich – vor lauter Freude, daß der Kolben nicht festsitzt – den Kickstarter mehrmals herunter. Der Zylinder, der eventuell seit etlichen Jahren kein Öl mehr gesehen hat, quittiert das unter Umständen mit Riefen in der Lauffläche. Das macht dann das Ausschleifen des Zylinders notwendig und zudem noch eventuell die teuere Anfertigung eines Kolbens, obwohl vielleicht beides noch brauchbar gewesen wäre.
Außerdem weiß man nicht, ob nicht im Laufe der Jahre Schmutz in den Motor gelangt ist. Beim Durchtreten kann dieser dann leicht in die Kurbelwellenlager gelangen und dort Schaden anrichten. Aus diesen Gründen hüten Sie sich auch davor, einen Motor, von dem Sie nicht wissen, wann er das letzte Mal gelaufen ist, vor dem Zerlegen schnell noch mal laufen zu lassen. Besonders gefährlich kann das bei einem Viertakt-Motor werden, wenn die Ölpumpe nicht oder nicht genug Öl fördert. So kann der erste vielleicht der letzte Lauf sein.
Warten Sie also mit dem Laufenlassen so lange, bis Sie den Motor von innen gesehen haben.
Mit Überlegung vorzugehen heißt aber auch, sich einen ungefähren Plan zu machen, in welcher Reihenfolge man das Restaurieren durchführen will. Hierzu soll dieses Buch ja auch Hilfestellung leisten.
Am besten ist es meiner Ansicht nach, zuerst Motor und Fahrgestell zu trennen, und mit einem von beiden zu beginnen. Weiterhin empfiehlt es sich, das Fahrgestell so weit zu zerlegen, daß Sie die Teile, die gesandstrahlt werden müssen, weggeben können. Während dann diese Teile in Arbeit sind, können Sie bereits den Motor überholen. Man muß eben versuchen, die verschiedenen Arbeiten möglichst zu koordinieren.

2.2. Notieren, Zeichnen

In jedem Fall aber, egal wie man beim Restaurieren vorgehen will, empfiehlt es sich, wieder und wieder Details zu notieren und Skizzen anzufertigen, denn bis zur endgültigen Montage können leicht Monate vergehen, und man wird außerdem in den seltensten Fällen Ersatzteillisten und Reparaturanleitungen zur Hand haben. Gerade wenn man sein erstes Motorrad restauriert, geht man oft in dieser Hinsicht zu leichtsinnig an die Sache heran. Auch mir ist es am Anfang so gegangen. Später bei der

Montage hat man dann Schwierigkeiten, alles auf Anhieb wieder richtig zusammenzubekommen. Auch Fotos, wie bereits erwähnt, können sehr gut helfen. Alles aber kann man auf ihnen auch nicht erkennen, da die Maschine sich zum Zeitpunkt, zu dem die Fotos gemacht wurden, noch in komplettem Zustand befunden hat. Man kann natürlich auch den Fotoapparat griffbereit auf der Werkbank liegen haben und dann während des Zerlegens immer wieder Fotos machen. Trotzdem erübrigt sich aber meines Erachtens das Notieren von gewissen Details nicht. Sie können z. B. den Kickstartermechanismus fotografieren, wissen dann aber nicht unbedingt, wie er sich wieder zusammenbauen läßt und was dabei zu beachten ist. Ebenso sollte man sich von manchen komplizierten Maschinenteilen grobe Skizzen anfertigen. Es empfiehlt sich z. B., den Aufbau einer Getriebewelle mit allen Zahnrädern, Lagern, Distanzscheiben usw. in einer Skizze festzuhalten. Man ärgert sich sonst unnötigerweise über ein falsch montiertes Getriebe, das dann natürlich nicht funktioniert. Besonders groß ist der Ärger, wenn die Maschine komplett montiert ist und man feststellt, daß alles wieder zerlegt werden muß.
Eine andere und meiner Meinung nach bessere Methode, um beim Zusammenbau keine größeren Schwierigkeiten zu bekommen, besteht darin, sich bei jedem, was man zerlegt, die Funktion klarzumachen. Hat man einmal begriffen, wie und warum etwas so funktioniert, hat man auch keine Schwierigkeiten, es wieder in funktionsfähigen Zustand zu versetzen.
Also nochmals: Wenn etwas nicht ganz klar ist, sofort notieren. Ihre Aufzeichnungen werden Ihnen später eine große Hilfe sein. Besser einmal zuviel als einmal zuwenig Notizen gemacht.

2.3. Ordnung halten

Der nun folgende Abschnitt befaßt sich mit einem Thema, das ebenso wichtig ist wie das Notieren von Details: Ordnung halten. Es soll Leute geben, die erst die ganze Maschine „auseinanderreißen", alles in eine große Kiste packen und dann mit dem Restaurieren beginnen wollen, woraus dann aber meist nichts mehr wird, da man auf diese Art schnell den Überblick und dann auch die Lust verliert. Das sind dann die Maschinen, die in zerlegtem Zustand zum Verkauf angeboten werden. Abgesehen davon, daß man schwer einen Käufer findet, wird man im Endeffekt nie das herausbekommen, was man an Arbeit und Geld hineingesteckt hat. Schade auch um das Motorrad, das vielleicht für immer verloren ist. Ich selber würde auch viel lieber eine komplette Maschine in schlechtem

Zustand kaufen, als eine Kiste voller Motorradteile, wobei man garnicht übersehen kann, ob es sich um ein komplettes Motorrad handelt – auch wenn die Teile vielleicht noch in gutem Zustand sind.
Damit es Ihnen nicht ebenso ergeht, sollte das oberste Gebot heißen: Ordnung halten. Legen Sie jede Einheit für sich in einen Karton oder ein anderes Behältnis. Vergaserteile z. B. gehören nicht mit Motorteilen in einen Karton. Man überlegt dann vielleicht später vergebens, wo die eine Schraube wohl am Motor gesessen hat, obwohl sie in Wirklichkeit zum Getriebe gehört.
Besser noch als alles zugleich auseinanderzunehmen ist es, sich die einzelnen Aggregate getrennt vorzunehmen, besonders dann, wenn man noch keine Erfahrung im Restaurieren von Motorrädern hat. Erst wenn die eine Partie komplett überholt ist, nimmt man sich die nächste vor. Sie zerlegen zuerst das Motorrad im Groben und überholen vielleicht als erstes den Motor; wenn dieser dann wieder wie neu dasteht, beginnen Sie mit dem Vergaser usw. Was Sie sich aber auf alle Fälle angewöhnen sollten: kein Teil, das Sie abgeschraubt haben, herumliegen zu lassen! Zu leicht kommt dann eine Schraube abhanden (eventuell noch mit einem speziellen Gewinde), die man dann in einer Dreherei nachfertigen lassen muß, was schnell ins Geld laufen kann. Hinzu kommt dann noch die Wartezeit. Denn solch ein Kleinteil wird, wenn überhaupt, dann irgendwann „mal nebenbei“ gemacht – und man muß froh sein, daß es überhaupt gemacht wird. Da Sie außerdem während des Restaurierens sowieso dauernd auf irgend etwas warten müssen, sollte man diese Zeit so kurz wie möglich halten.

3.0 Instandsetzen des Fahrgestells

Mit diesem Abschnitt beginnend wollen wir uns mit dem Restaurieren im einzelnen befassen, und zwar als erstes mit dem Fahrgestell.
Das Fahrgestell umfaßt neben Rahmen und Gabel auch Lenkeinrichtung, Laufräder und Bremsvorrichtungen.
Nachdem Sie den Motor ausgebaut haben, beginnen Sie mit dem Zerlegen des übrigen Motorrades. Aber nicht bei allen Fabrikaten läßt sich der Motor ohne weiteres getrennt ausbauen. Oft ist er tragendes Teil des Rahmens, so daß das Fahrgestell praktisch um den Motor herum weggebaut werden muß.
Anschließend entfernen Sie am zweckmäßigsten die Laufräder und stel-

Das Motorrad ist bereits teilweise zerlegt

len diese erst einmal beiseite – sie kommen später an die Reihe. Die Radmuttern schraubt man wieder auf die Achsen, so können sie nicht verloren gehen. Steckachsen, falls vorhanden, ebenfalls wieder ins Rad zurückschieben.
Im folgenden werden dann Gabel, Schutzbleche usw. ausgebaut. Das braucht hier im einzelnen nicht beschrieben zu werden. Die Reihenfolge hängt auch sehr vom Typ der Maschine ab. Zur Demontage der Vordergabel wäre noch folgendes zu sagen: Wenn man das Gabelrohr aus dem Lenkkopf zieht, sollte man darauf achten, daß die (losen) Kugeln der Lenkungslager nicht herausfallen. Man weiß sonst später nicht, wieviele Kugeln es waren. Im allgemeinen bleiben die Kugeln aber im Fett des Lagers hängen, wenn man einigermaßen vorsichtig vorgeht.
Bowdenzüge und Stromkabel werden entfernt. Nach ihrem Muster müssen später evtl. neue Züge und Kabel angefertigt werden.
Ist auf Ihren Fotos zu sehen, wo sie langgelegt waren? Wenn nicht, dann machen Sie sich Notizen darüber.

3.1. Rahmen

Vor dem Krieg wurden von den einzelnen Herstellern die unterschiedlichsten Rahmenkonstruktionen gebaut. Der Ideenreichtum war damals wesentlich größer als heutzutage, wo man kaum noch Unterschiede bei den verschiedenen Herstellern entdecken kann. Der Motor wurde seinerzeit vielfach als tragendes Teil mit ins Fahrgestell einbezogen. Besonders extrem ist dies bei WINDHOFF verwirklicht worden, wo in den Vierzylinder-Motor-Getriebe-Block lediglich ein paar Rohre eingeschoben und festgeklemmt wurden. Der Lenkkopf wurde ebenfalls vorn direkt am Motorblock festgeschraubt.
Ferner gab es Rahmen aus Profilblechen, die weitgehend bei DKW, BMW und ZÜNDAPP in den dreißiger Jahren Verwendung fanden. Diese Rahmen waren sehr preiswert in der Herstellung. Rohrrahmen waren zu dieser Zeit hauptsächlich schnellen und sportlichen Maschinen vorbehalten, ausgenommen Motorräder, bei denen der Hersteller nicht bestrebt war, möglichst billig zu produzieren.
Der Rohrrahmen ist also keine Errungenschaft moderner Konstruktionstechnik. Überhaupt wurden in den Anfängen des Motorradbaus fast ausschließlich Rohrrahmen verwendet.
Ein einmaliges Kuriosum dürfte von der dänischen Firma NIMBUS gebaut worden sein. Dort wurden Vierzylinder-Reihenmotoren in Rahmen gebaut, die aus Flachstahl zusammengenietet waren. Das war sicherlich eine sehr

Profilrahmen einer DKW

Aufwendige Rahmenkonstruktion einer „Böhmerland“

Flachstahlrahmen einer „Nimbus“

preiswerte Lösung, hatte aber den Nachteil, daß der Rahmen sehr labil war, was sich beim Fahren unangenehm bemerkbar machte.
Die verschiedenen Rahmenarten unterscheiden sich hinsichtlich der Instandsetzung prinzipiell nicht.
Hinterradfederung gab es ja damals im wesentlichen nur ein paar Jahre lang bei NSU (mit Zentralfeder), so daß es bei den übrigen Motorrädern keine beweglichen Teile am Rahmen gibt.
Sollten Sie jedoch gerade eine dieser Hinterradgefederten restaurieren wollen, so muß natürlich die Lagerung der Schwinge, falls sie verschlissen ist, erneuert werden. Ist die Buchse nicht zu sehr verschlissen, so wird eine neue angefertigt oder die alte um das nötige Maß ausgerieben und eine neue Achse mit entsprechendem Übermaß angefertigt.
Solange das Lager immer gut gefettet wird, reicht es, die Welle aus vergütetem Stahl herzustellen. Man erwartet ja von einem Veteranen nicht die Laufleistung einer modernen Maschine, aber bei guter Pflege erreicht man eine für Veteranenfahrzeuge ausreichende Lebensdauer. Es wird wohl niemand auf die Idee kommen, mit seiner NSU von 1918 eine Urlaubsreise zu unternehmen oder sie für den täglichen Weg zur Arbeit zu benutzen.
Die übrigen Instandsetzungsarbeiten am Rahmen beziehen sich nur noch auf die Lenkungslager und das Lackieren, das weiter hinten im einzelnen beschrieben ist.

Hinterradfederung bei einer NSU von 1922

3.2. Vordergabel

Die seinerzeit gebräuchlichste Gabelkonstruktion war die Trapez- oder Parallelogrammgabel, Teleskopgabeln gab es damals noch nicht. Diese kamen erst kurz vor dem Krieg auf, und hier zunächst nur bei Rennmaschinen.

Trapezgabel einer Standard

Der Federungskomfort der Trapezgabel ist zwar nicht vergleichbar mit dem einer Teleskopgabel, diese Gabelkonstruktion hat aber den Vorteil einfacher Bauweise. Eine Trapezgabel besteht nur aus relativ wenig Teilen und kann deshalb auch leicht wieder instandgesetzt werden.
Federbrüche sind mir bisher noch nicht untergekommen, so daß für den „Restaurator“ lediglich die verschiedenen Buchsen und Wellen zu überholen bleiben. Hier müssen ebenfalls die Buchsen ausgerieben werden. Wenn diese schon zu weit ausgeschlagen sind, müssen sie erneuert weden und auf das passende Maß aufgerieben werden. Die zugehörigen Wellen werden ebenfalls neu angefertigt. Man kann natürlich auch die Wellen überdrehen bis sie wieder gesund sind und dann Buchsen mit entsprechend kleinerem Innendurchmesser anfertigen. Diese Arbeiten läßt man am besten von einem Betrieb machen, der darauf eingerichtet ist, da zu dieser Arbeit schon einiges an Erfahrung gehört und man auch das entsprechende Werkzeug haben muß. Das heißt in diesem Fall, daß man über eine Drehbank verfügen muß.
Die andere Gabelkonstruktion, die in den Anfängen des Motorradbaus

Pendelgabel an einer Automoto

Gezogene Kurz-Schwinge bei BMW

relativ verbreitet war, ist die Pendelgabel.
Bei dieser Bauart führt die Vordergabel eine Schwenkbewegung um ein unteres Querjoch des Gabelschaftrohres aus. Der Federungskomfort der Pendelgabel ist wesentlich schlechter als der der Parallelogrammgabel, da das Vorderrad auftretenden Fahrbahnstößen auf einem Kreisbogen

ausweicht, der der Stoßrichtung nicht entspricht. Die Pendelgabel fand deshalb im allgemeinen auch nur bei langsameren Maschinen Verwendung.
Die Überholung ist prinzipiell die gleiche wie bei einer Trapezgabel, wobei die Pendelgabel noch weniger bewegliche Teile besitzt.
Eine andere Konstruktion ist die Schwingengabel. Bei dieser Radaufhängung schwingt das Rad um eine in Gummi, Gleit- oder Wälzlagern gelagerte Achse. Man unterscheidet zwischen gezogenen und geschobenen Schwingen.
Die Schwinge bietet guten Fahrkomfort, ist aber aufwendiger in der Konstruktion.

3.3. Lenkungs- und Radlager

LENKUNGSLAGER

Bei den Lenkungslagern, die man bei Motorrädern findet, handelt es sich meist um einstellbare Kugellager, die aus je zwei Lagerschalen und einer entsprechenden Anzahl Kugeln bestehen. Wie schon erwähnt, sollte man beim Zerlegen aufpassen, daß keine Kugeln verloren gehen. Packen Sie die Kugeln mit den Lagerschalen für sich in eine Plastiktüte und notieren sich zusätzlich noch Anzahl und Durchmesser der Kugeln.
Leider findet man oft Lagerschalen vor, in die sich die Kugeln eingeschlagen haben. Daß man solche Lager nicht ohne weiteres wiederverwendet, dürfte klar sein. Zum einen wird der TÜV bei einer eventuellen späteren Abnahme Schwierigkeiten machen, zum anderen sollte man auch selbst an seine Sicherheit denken, auch wenn das Motorrad vielleicht nur 60 oder 70 km/h schnell ist. Außerdem lohnt es auch nicht, in eingeschlagene Lagerschalen neue Kugeln einzubauen, da diese dann nach kurzer Zeit nicht mehr brauchbar sind.
Um Ersatz zu beschaffen, sollten Sie als erstes versuchen, ob nicht von irgendeiner modernen Maschine passende Lager zu bekommen sind. Fragen Sie ruhig bei verschiedenen Händlern nach. Vielleicht läßt sich etwas Brauchbares finden, auch wenn unter Umständen die Lagerschalen außen oder innen etwas abgeschliffen werden müßten. Sollte sich gar nichts finden lassen, so besteht noch die Möglichkeit die alten Schalen nachzuschleifen, da diese nicht nur oberflächlich gehärtet sind. Mit einem Rundschleifstein und einer elektrischen Bohrmaschine läßt sich die Oberfläche auf der Drehbank in den meisten Fällen wieder brauchbar herrichten. Man muß zum Schluß natürlich mit ganz feinem Schmirgellei-

nen nachschleifen und anschließend polieren. Dies erfordert zwar sehr viel Schweiß und Arbeit, Sie haben dann aber, sofern Ihnen die genannten Voraussetzungen zur Verfügung stehen, wieder ein brauchbares Lager. Und das ist die Arbeit wohl wert.
Einzelne Kugellagerkugeln können Sie bei jedem Lagerhersteller mit fast jedem Durchmesser bekommen. Das ist kein Problem, auch wenn man meist 50 oder 100 Stück abnehmen muß. Dafür kostet so eine Packung auch nur ein paar Mark.

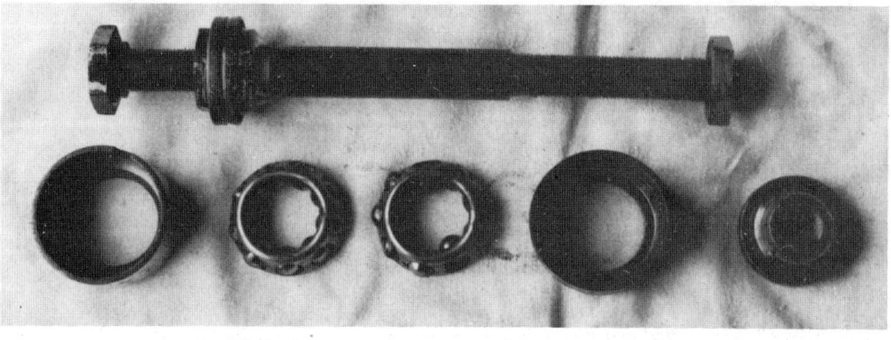

Vorderradachse mit Konuslagern

RADLAGER

Bei den Radlagern verhält es sich ähnlich wie bei den Lenkungslagern. Hier finden sich meist einstellbare Konuslager, bisweilen aber auch schon Rillenkugellager. Hier gilt natürlich auch wieder die Regel, daß die besten Ersatzteile neue Ersatzteile sind. Es werden aber bei der Beschaffung neuer Lager in aller Regel Schwierigkeiten auftreten, so daß man zur Selbsthilfe greifen muß. Das Nachschleifen läßt sich aber nur dann durchführen, wenn die Laufflächen der Lager noch nicht zu sehr angegriffen sind. Selbstverständlich werden auch hier neue Kugeln verwendet.
Sind Sie in der glücklichen Lage, daß bei Ihrem Veteran bereits serienmäßig Rillenkugellager eingebaut sind, so wirft die Erneuerung keinerlei Schwierigkeiten auf, da diese Lager seit Jahrzehnten genormt sind. Bisweilen findet man auch eine Kombination von Konus- und Rillenkugellagern, wobei erstere am Vorderrad montiert waren und letztere am Hinterrad, das dann meist eine Steckachse besaß.
Oftmals lassen sich die serienmäßigen Konuslager gegen Rillenkugellager austauschen. Wenn Sie mit den Maßen für den Durchmesser der Radachse und des Außendurchmessers des Lagers zu einer Kugellagervertretung gehen, wird man sicherlich ein passendes Lager für Sie finden.

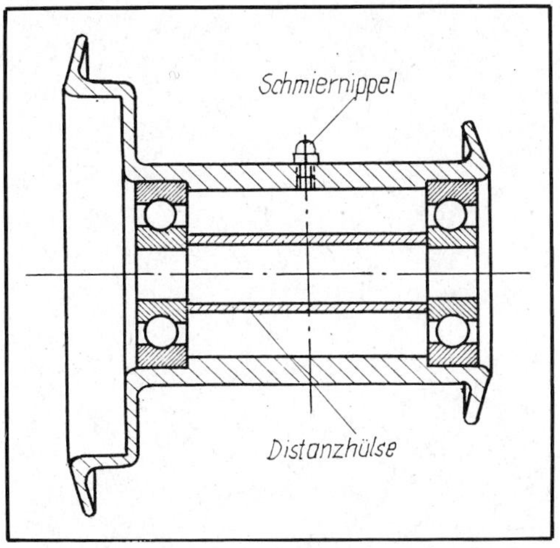

Auf Rillenkugellager umgebaute Radnabe

Sie können aber nun die neuen Rillenkugellager nicht ohne weiteres in die Radnabe einbauen, Sie benötigen noch eine Distanzhülse zwischen den beiden Innenringen, da sich sonst beim Festziehen der Radmuttern die Lager verspannen können. Die Hülse muß deshalb auch genau die richtige Länge haben.
Sollte sich die Originalachse nicht für die Rillenkugellager verwenden lassen, so muß sie entsprechend geändert werden. Unter Umständen kann sogar die Neuanfertigung einer Achse fällig werden. Gehen Sie aber nicht gleich zu einer Dreherei. Es werden sich wahrscheinlich noch andere Teile finden, die neu angefertigt werden müssen. Und in der Dreherei wird man nicht sonderlich erfreut sein, wenn Sie laufend mit einem Kleinteil ankommen. Wenn Sie mehrere Teile beisammen haben, wird man sicherlich eher geneigt sein, den Auftrag anzunehmen.
Als Radlager empfehlen sich völlig gekapselte Lager, die eine Dauer-Fettfüllung enthalten und keinerlei Pflege bedürfen. Eventuell vormals vorhandene Staubkappen werden nur noch als Attrappen montiert. So können Sie die serienmäßige Lagerung verbessern, ohne daß man von außen etwas erkennen kann; außerdem können Sie niemals vergessen, diese Lager zu schmieren.

3.4. Felgen, Speichen und Reifen

Wir wollen uns nun mit den Laufrädern Ihres Motorrades beschäftigen. Die Bearbeitung richtet sich nach Beschaffenheit und Zustand der Räder. Oft waren früher Felgen, Speichen und Naben einheitlich lackiert. Wenn alles noch in Ordnung ist, braucht man die Räder nicht zu zerlegen. Sie werden dann nur gesandstrahlt und neu lackiert. Wird aber das Zerlegen notwendig, weil z. B. neue Speichen eingezogen werden müssen, so mache man sich auf alle Fälle vorher eine Skizze von der Lage der Speichen mit ihren Kreuzungen.

Glücklicherweise waren seinerzeit die Laufräder der meisten Fahrzeuge lackiert. Das ist zwar beim Reifenwechsel nicht besonders schön, lackierte Räder aber lassen sich wesentlich leichter und billiger restaurieren. Bei lackierten Felgen lassen sich die möglicherweise vorhandenen Rostnarben leicht durch mehrere Farbschichten füllen, wohingegen beim erneuten Verchromen die Rostnarben nicht herausgeschliffen werden können, da dann das Material zu sehr geschwächt werden würde.

Hat man das „Pech", verchromte Felgen an seiner Maschine zu haben, die stark vom Rost angegriffen sind, versuche man, irgendwie Ersatz zu bekommen. Es können ruhig lackierte Felgen sein, solange sie in einwandfreiem Zustand sind. Die Farbe wird dann vor dem Verchromen entfernt.

Tiefbettfelgen gibt es seit ca. 50 Jahren, da dürfte es keine Probleme bei der Beschaffung geben. Solange es sich um gängige 19″-Räder handelt, kann man sich auch vielfach mit solchen aus den 50er Jahren helfen, da diese zu jener Zeit auch noch Verwendung fanden.

Schlechter sieht es da schon mit Veteranen aus, die vor 1930 gebaut worden sind, da sie in der Regel Wulstreifen und entsprechende Felgen besaßen, obwohl es da zeitliche Überschneidungen gab. Es gab vor 1930

Eine Skizze oder ein Foto der Speichenkreuzungen hilft später beim Einspeichen

Wulstreifen an einer 200er NSU von 1928

schon Motorräder mit Drahtreifen und nach 1930 noch welche mit Wulstreifen.
In diesem Fall bleibt einem nichts anderes übrig als zu versuchen, über eine Anzeige oder den Besuch von Teilemärkten das Passende zu finden. Man wird in den meisten Fällen nur komplette Räder bekommen können, aber das muß man eben in Kauf nehmen.
Sind die Felgen in schlechtem Zustand, so sind auch meist die Speichen nicht mehr brauchbar. Ihre Beschaffung stellt aber kein Problem dar, da man sie in allen Längen und Durchmessern bekommen kann. Sie werden sowohl verchromt als auch vernickelt angeboten. Waren die Speichen an Ihrem Motorrad lackiert, so bestellen Sie sie ohne galvanischen Überzug. Das hat den Vorteil, daß der Lack auf nicht verchromten bzw. vernickelten besser haftet, außerdem sind Speichen in diesem unbehandelten Zustand billiger.
Nach dem Neueinspeichen, bei dem Ihnen hoffentlich Ihre Skizze mit der Lage der Speichen geholfen hat, müssen die Räder zentriert werden. Diese Arbeit überläßt man am einfachsten einer Motorradwerkstatt. Wer sich diese Arbeit zutraut, kann sie selbst ausführen. Schwierig wird das Zentrieren von schmalen Felgen großen Durchmessers, da sie sich leicht verziehen. Entsprechende Räder sollte lieber der Fachmann zentrieren. Wer das Zentrieren selber ausführen will, braucht dazu viel Geduld, da man sehr sorgfältig arbeiten muß. Ferner benötigt man eine Stange, ein Rohr oder dergleichen mit dem gleichen Durchmesser wie die Radachse, so daß sich das Rad ohne Spiel darauf drehen läßt.

Vorrichtung zum Zentrieren der Laufräder

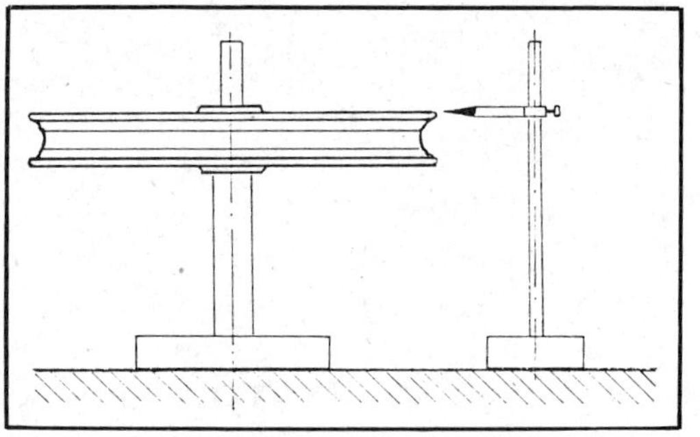

Diese Achse wird dann im Schraubstock oder einer anderen Halterung so befestigt, daß das Rad genau waagerecht steht.
Außerdem wird noch eine Halterung mit einem verschiebbaren Zeiger gebraucht.
Zunächst werden die Speichennippel reihum gleichweit auf die Speichen geschraubt, bis sie nicht mehr locker sind. Man macht dies in mehreren Durchgängen, wobei bei jedem einzelnen Durchgang die Nippel nur wenig weiter auf die Speichen geschraubt werden. Anschließend wird das Rad grob auf seitlichen Schlag überprüft, indem man die Halterung mit dem Zeiger ganz dicht an die Felge schiebt, ohne ihn berühren zu lassen. Man dreht das Rad nun langsam und beobachtet den Abstand zwischen Zeiger und Felgenrand. Die entsprechenden Nippel werden dann weiter auf die Speichen geschraubt, bis der Abstand zum Zeiger überall gleich ist. Gleichzeitig muß man darauf achten, daß kein Höhenschlag auftritt. Beim Überprüfen geht man genauso vor wie oben beschrieben, nur daß der Zeiger von oben oder unten an den Felgenrand herangefahren wird. Zu bedenken ist, daß sich durch Änderung der Einstellung sowohl Höhen- als auch Seitenschlag ändern können. Man muß also laufend beides kontrollieren. Vor allen Dingen sollte man bei den einzelnen Speichen jeweils nur wenig nachstellen, um von vornherein schon eine möglichst genaue Zentrierung zu bekommen.

BEREIFUNG

Auch wenn die Felgen und Speichen an einem Veteran noch gut zu gebrauchen sind, die Reifen sind fast nie weiterzuverwenden. Sie unterliegen der Alterung weit mehr als andere Teile eines Veteranen. Man wird also im Regelfall neue Reifen für sein Motorrad besorgen müssen, was große Probleme aufwerfen kann.
Solange es sich um Maschinen handelt, die nach 1930 gebaut wurden, ist die Sache im allgemeinen noch sehr einfach. Von dieser Zeit an wurden

überwiegend Drahtreifen mit 19" Durchmesser verwendet, und diese sind heute noch überall zu bekommen. Schlechter sieht es da bei den Motorfahrrädern aus dieser Zeit aus. Die Größe der Reifen für diese Fahrzeuge war 26 × 2,25, wobei die 26 den Außendurchmesser des Reifens in Zoll angibt, nicht, wie heute, den Felgendurchmesser. Reifen dieser Größe werden heute nicht mehr hergestellt. Ich selbst habe beim Restaurieren einer 98er Wanderer von 1936 mit obengenannter Bereifung nur durch Zufall noch zwei Reifen aus Lagerbeständen bekommen. Kommt man nicht mehr an Reifen dieser Dimension, bleibt einem nur übrig, Reifen der Größe 26 × 2,00 oder 26 × 2,50 zu montieren, die heute noch produziert werden.

Ebenso schlecht sieht es mit der Bereifung bei Veteranen aus, die vor 1930 gebaut wurden, sofern sie Wulstreifen besaßen. Wulstreifen besitzen keine Stahldrahteinlage am inneren Reifenrand, sondern eine beidseitig am Reifen angeformte Wulst, durch die der Reifen in der Felge gehalten wird, die entsprechend geformt ist. Da Wulstreifen aufgrund der fehlenden Drahteinlage sehr weich waren, bestand bei ihnen die Gefahr des Herausspringens aus der Felge bei höheren Geschwindigkeiten. Deshalb fand um 1930 die Umstellung auf Drahtreifen statt, die wegen ihrer größeren Stabilität für die ständig steigenden Fahrgeschwindigkeiten der nachfolgenden Jahre geeigneter waren.

Wulstreifen werden heute nicht mehr in Serie hergestellt, und man hat deshalb mit der Beschaffung unter Umständen einige Schwierigkeiten. Man braucht hier aber nicht gleich zu verzweifeln, denn in gewissen Größen werden Reifen heute noch speziell für Veteranen hergestellt. Im Bedarfsfall wende man sich an die Oldtimer-Reifen GmbH.

Sollte der Reifen einer Größe, die man benötigt, überhaupt nicht mehr zu beschaffen sein, so kann man sich folgendermaßen helfen: Man besorgt sich Felgen, für die es noch Reifen gibt und die in der Anzahl der Speichen mit dem Original übereinstimmen, und speicht diese dann ein. Niemand wird das bei einer Veteranenrallye z. B. beanstanden, wenn absolut keine Original-Reifen mehr zu haben sind, auch wenn ja Originalität oberstes Gebot beim Restaurieren sein soll. Man verwende dann natürlich nicht zu moderne Felgen, aus der Bauzeit der Maschine sollten sie schon möglichst sein.

Hier noch ein Tip zur Reifenmontage: Um lackierte Felgen beim Montieren der Reifen möglichst wenig zu verkratzen, werden Reifen und Felgen mit Reifenmontagemittel eingeschmiert, wodurch die Reifen besser über die Felgen gleiten. Reifenmontagemittel erhält man in Motorradgeschäften oder bei Reifenmonteuren.

Zudem empfiehlt es sich, die Räder zunächst nur zu grundieren und dann die Reifen zu montieren. Schäden, die bei der Reifenmontage entstehen, können so vor der endgültigen Lackierung noch beseitigt werden. Zum Lackieren läßt man die Luft aus den Schläuchen, klebt die Reifen ab und kann anschließend lackieren.

3.5. Bremsen, Bowdenzüge

In den Anfängen des Motorradbaus gab es die verschiedensten Konstruktionen von Bremsen, bis sich letztendlich die Innenbackenbremse durchgesetzt hat (abgesehen von den bei modernen Maschinen üblichen Scheibenbremsen).
Man findet hauptsächlich Klotz-, Band- und Innenbackenbremsen. Die Instandsetzung gestaltet sich wegen der unterschiedlichen Konstruktionen bei jeder dieser Bremsen anders.

Klotzbremse, die auf die Riemenfelge wirkt

Zunächst zur Klotzbremse, die manchmal auch als Konusbremse bezeichnet wird. Diese Bremsenart findet man vornehmlich bei Motorrädern mit Riemenantrieb. Die Riemenfelge wurde in den meisten Fällen gleich zum Bremsen mitbenutzt, obwohl es auch Konstruktionen gab, bei denen eine spezielle Bremsfelge montiert war.
Mittels Gestänge oder Bowdenzug wurde ein Holz- oder Hartfiberklotz, der von der Form her genau in die Riemen- bzw. Bremsfelge paßte, in die Felge gezogen oder gedrückt. Die Verzögerung der Klotzbremse war verständlicherweise nicht besonders groß, aber für die damalige Zeit und die

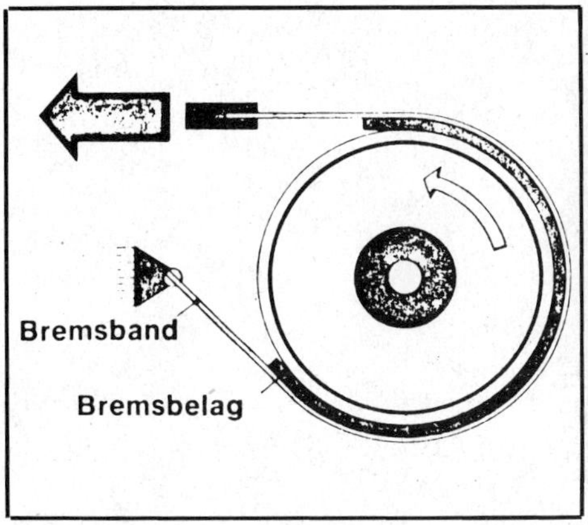

Schema einer Außenbandbremse

Außenbandbremse am Vorderrad

Geschwindigkeit, die die Maschinen liefen, war sie ausreichend.
Als Instandsetzungsmaßnahme bleibt bei dieser Bremse neben der eventuellen Überholung des Bremsgestänges lediglich die Anfertigung eines Holzklotzes, was man selbst machen kann. Die Bremsfelge wird in aller Regel noch brauchbar sein. Sollte dies jedoch nicht der Fall sein, so kann man sie sich neu anfertigen lassen.
Um bei der Bandbremse die erwünschte Bremswirkung zu erzielen, bediente man sich eines Bremsbandes, das in seiner Länge nahezu dem Umfang der Bremstrommel entsprach, und damit eine sehr große Reibfläche zur Verfügung stand.
Bandbremsen wurden als Außenbandbremsen, aber auch als Innenbandbremse ausgeführt, bei denen das Bremsband mittels eines metallischen Führungsbandes von innen gegen die Trommel gelegt wurde.
Die Bandbremse läßt sich auch sehr einfach überholen. Zu erneuern ist lediglich das Bremsband. Da die Bandbremse Regen und Schmutz ungeschützt ausgesetzt ist, können sich durch beim Bremsen zwischen Bremsband und Trommel gelangte Sandkörner auf der Bremstrommel Riefen gebildet haben, die weggeschliffen werden.
Sowohl Klotz- als auch Bandbremse haben sich im Endeffekt nicht gegen die Trommel- oder Innenbackenbremse behaupten können. Denn neben guter Verzögerung besitzt sie den Vorteil, relativ gut gegen Schmutz geschützt zu sein.
Durch Betätigen des Bremsnockens werden die Bremsbacken gegen die Trommel gepreßt, das Rückholen der Backen geschieht durch Federn. Dem Verschleiß unterliegt neben den Bremsbelägen meist auch der Bremsnocken, da oft vergessen wurde, ihn zu schmieren, so daß sich die

Bremsankerplatte mit Bremsbacken einer Innenbacken-bremse

Bremsbacken in den Nocken eingearbeitet haben. Durch Überschleifen der Flächen läßt sich dieser Schaden beheben. (Bei der späteren Montage das Fetten des Nockens nicht vergessen!) Bei der Erneuerung der Bremsbeläge besteht die Schwierigkeit, passende Beläge zu bekommen. Solange man aber Meterware bzw. Beläge mit der richtigen Krümmung bekommt, kann man sich immer helfen, auch wenn die Nietlöcher nicht mit denen der Backen übereinstimmen. Man muß dann eben neue Löcher bohren. Zu lange oder zu breite Bremsbeläge werden mit der Eisensäge auf das richtige Maß gebracht. Die Enden schrägt man mit der Feile wieder an.

Das Aufnieten neuer Beläge kann man leicht selber durchführen. Man benötigt hierzu nur wenige Hilfsmittel. Nachdem die alten Nieten ausgebohrt worden sind, beginnt man von der Mitte aus die neuen Nieten zu setzen.

Und zwar müssen die Nieten nacheinander gesetzt werden. Man darf also nicht erst an einem Ende eine Niete setzen, dann am anderen Ende und schließlich in der Mitte, da sich dadurch der Bremsbelag verspannen und brechen kann.

Reihenfolge, in der die Nieten gesetzt werden

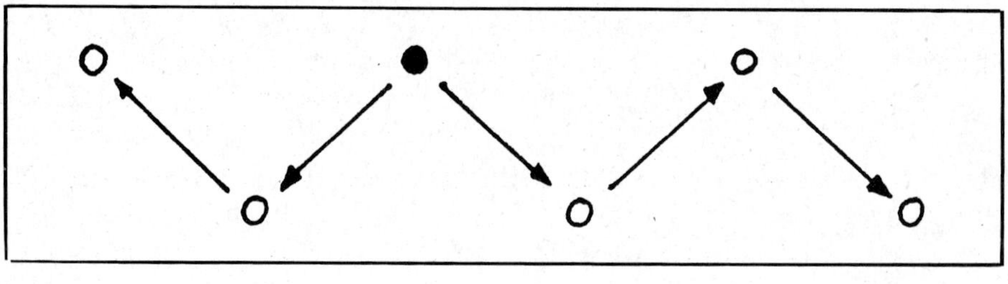

Um nun neue Beläge aufzunieten, spannt man einen Rundstahl, der den gleichen Durchmesser wie der Kopf der Hohlniete hat in einen Schraubstock. Die Niete, die man von außen durch Belag und Bremsbacke gesteckt hat, hält man nun mit dem Kopf auf den Rundstahl, weitet den unteren Teil des Nietschaftes mit einem Körner auf, und formt dann mittels Durchschlag und Hammer den Nietkopf.

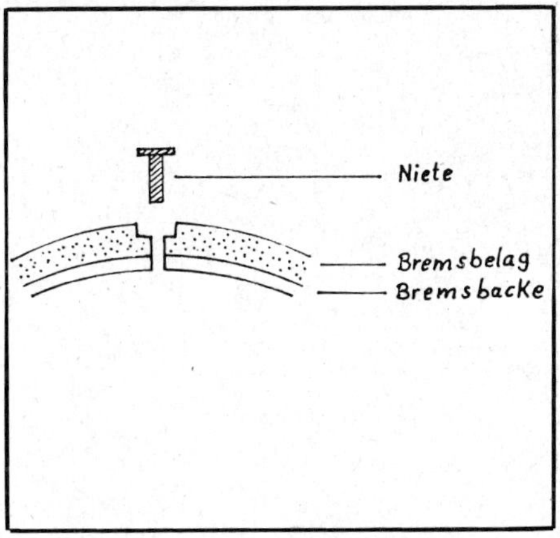

Einsetzen einer neuen Niete

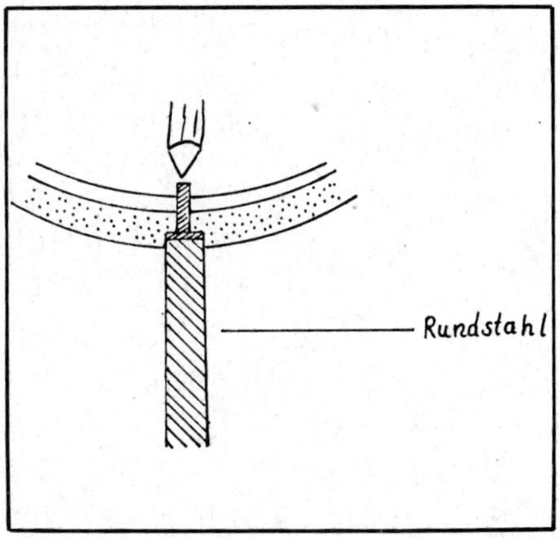

Stauchen der Niete und formen des Nietkopfes

Wer es sich einfacher machen will, kann die Bremsbeläge auch mit Hilfe einer Blindnietzange aufnieten.
Will man das Neubelegen der Bremsen nicht selbst ausführen, so kann man auch einen Bremsendienst damit beauftragen.
Neben den Bremsen selbst bedarf in aller Regel auch die Bremsbetätigung einer Überholung. Insbesondere die Lagerung des Fußbremshebels ist meist verschlissen, da auch hier oft mit Fett gespart bzw. das Fett schnell durch Regen weggewaschen wurde. Hier bleibt einem nichts anderes übrig, als die Buchse im Hebel auszureiben, bis die Bohrung wieder rund ist, und eine Welle mit entsprechend größerem Durchmesser drehen zu lassen.
Das Bremsgestänge der Hinterradbremse bedarf im allgemeinen keiner Überholung, abgesehen vielleicht vom Lackieren.
Den Bowdenzug für die Betätigung der Vorderradbremse (und evtl. auch für die Hinterradbremse) wird man selbst anfertigen müssen, da man kaum das Glück hat, etwas Passendes für seinen Veteran zu bekommen. Sowohl Zugseil als auch Hülle kann man als Meterware kaufen. Man kann natürlich auch fertige Bowdenzüge moderner Maschinen für seine Zwecke abändern. Man darf dabei selbstverständlich seinen Veteran nicht mit modernen Zügen mit Ölern „verschandeln“, denn die gab es

Klotzbremse an Vorder- und Hinterrad mit gesonderten Bremsfelgen (Rudge Whitworth)

damals noch nicht. Ebensowenig gehören graue Bowdenzüge, die im Zubehörhandel zum Teil angeboten werden, an Ihre Maschine, wenn seinerzeit schwarze verwendet wurden. Durch einen solchen Stilfehler kann das gesamte Bild eines restaurierten Motorrades beeinträchtigt werden, auch oder gerade dann, wenn die Maschine ansonsten einwandfrei restauriert ist.

Um neue Bowdenzüge anzufertigen, mißt man zunächst die Länge der Hülle, lötet dann den einen Nippel des Zugseils an, schiebt den Zug in die Hülle, hängt dann den Seilzug mit dem Nippel in den Kupplungs- oder Bremshebel ein, die Hülle in die beiden Widerlager, und kann nun die Länge des Zugseils genau abmessen und den zweiten Nippel anlöten. Es empfiehlt sich auf alle Fälle, die Nippel anzulöten und keine Schraubnippel zu verwenden. Zum einen waren Schraubnippel nicht serienmäßig, und zum anderen sehen sie meines Erachtens nicht sehr vertrauenerweckend aus. Besonders beim Bremszug verwenden nur Lebensmüde Schraubnippel. Ganz abgesehen davon, daß man bei einer TÜV-Abnahme mit geschraubten Nippeln am Bremszug zurückgeschickt werden würde, sollte man auch selbst an seine Sicherheit denken; auch wenn das Motorrad nur auf Rallyes bewegt werden soll und nicht zum Straßenverkehr zugelassen wird. Außerdem ist es kaum mehr Arbeit, die Nippel anzulöten.

Man kann die verschiedenen Nippel in jedem Motorradgeschäft kaufen. Beim Löten ist zu beachten, daß das Zugseil völlig fettfrei ist, da sonst die Lötung nicht hält. Vor dem Löten spreizt man die Enden des Zugseils auseinander, so daß das Weichlot dazwischen laufen und der Zug nicht mehr aus dem Nippel rutschen kann. Einem derart verlöteten Bowdenzug kann

man sich ruhigen Gewissens anvertrauen.
Daß die Bowdenzüge vor dem Einbau gut geölt werden, versteht sich von selbst. Hierzu nimmt man am besten Motorenöl, besonders gut eignet sich hier ein Öl mit Molybdändisulfid-Zusätzen, die sehr gut haften und dadurch zuverlässig schmieren.

3.6. Lenkungs- und Federungsdämpfung

Bei den Lenkungs- bzw. Reibungsdämpfern handelt es sich um Reibungsdämpfer, die in den meisten Fällen einstellbar sind. Sie bestehen aus Reib- und Stahllamellen.
Reparaturen an den Dämpfungseinrichtungen sind an sich kaum notwendig. Es kann höchstens vorkommen, daß die Stahllamellen angerostet sind, was ja leicht beseitigt werden kann.
Die Reiblamellen können ohne weiteres wiederverwendet werden.

Von Hand nachstellbare Lenkungs- und Federungsdämpfer an einer DKW SB 200

3.7. Lenker und Armaturen

Da die meisten Motorradveteranen in ihrem Leben schon einiges mitgemacht haben, findet man häufig Maschinen, bei denen der Lenker verbogen ist. Vielleicht hat der ehemalige Besitzer mal einen Sturz gebaut und die Maschine deshalb abgestellt, oder sie ist einmal umgeworfen worden, weil sie gerade im Weg stand.
Wie dem auch sei mit einem verbogenen Lenker kann man nicht fahren. Was ist zu tun? Ist der Lenker nur leicht verbogen und noch nicht geknickt, so läßt er sich wieder richten. Man spannt ihn dazu in einen Schraubstock und biegt ihn dann kalt mit einem Rohr oder Rundstahl in die alte Stellung zurück.

Hier waren die Widerlager der Hebel direkt an den Lenker gelötet (DKW)

An diesem Lenker finden sich zahlreiche Armaturen

Sollte der Lenker aber so stark verbogen sein, daß eine Knickstelle entstanden ist, so ist er für eine Maschine, die gefahren (und nicht nur ausgestellt) werden soll, nicht mehr zu verwenden. Man geht genauso vor wie oben beschrieben, ist dann aber gezwungen, die beim Zurückbiegen entstandenen Dellen mit Hartlot auszufüllen. Wenn dies sorgfältig geschieht, ist nach dem Vernickeln bzw. Verchromen davon nichts mehr zu sehen. Man muß allerdings beim Schleifen sehr vorsichtig sein, da die Wandstärke der Lenkstange nicht allzu groß ist. Es kann dann leicht passieren, daß die Wandung zu dünn wird, und der Lenker seine Stabilität verliert.
Ist der Lenker nicht mehr zu richten (weil er zu stark verbogen oder gar geknickt und eingerissen ist), muß man sich um Ersatz bemühen. Lenker mit 22 mm Durchmesser, wie sie heute noch allgemein verwendet werden, kann man relativ leicht bekommen.
Die Beschaffung eines Lenkers mit 25 mm Durchmesser, die früher überwiegend verwendet wurden, ist in der Regel nicht so einfach. Es bleibt hier meist nur die Anfertigung eines neuen Lenkerbügels.
Nun zu den Lenkerarmaturen, als da sind: Gasdrehgriff, Kupplungs- und Bremshebel, Hebel für Gemischanreicherung und evtl. Hebel für Dekompression und Zündverstellung.
Das anfälligste Teil der Armaturen dürfte der Gasdrehgriff sein. Eine Instandsetzung ist aufgrund des Verschleißes meist nur schwer möglich. Das Beste ist, Ersatz zu suchen.
Die übrigen Hebel sind meist noch brauchbar und bedürfen kaum einer Überholung.
Fehlende Armaturen dürfen auf keinen Fall durch moderne ersetzt werden. Ein moderner Wickelgasdrehgriff gehört einfach nicht an ein Motorrad von 1920 oder 1930, es gab sie damals noch nicht. Das gleiche gilt für Kupplungs- oder Bremshebel. Moderne Aluminiumarmaturen an einem

50 Jahre alten Veteran sind ganz einfach Stilbruch, auch wenn sie noch so praktisch sind. Bei DKW wurden in den 30er Jahren die Aufnahmen für Brems- und Kupplungshebel direkt an das Lenkerrohr angelötet. Sowohl Hebel als auch Aufnahmen waren aus Blech gebogen. Man findet bei diesen Maschinen häufig, daß die angelöteten Konsolen irgendwann einmal entfernt und daß modernere Armaturen montiert wurden. Der gewissenhafte Restaurator fertigt natürlich die originalen Armaturen nach und lötet die neuen Hebelaufnahmen vor dem Neuverchromen des Lenkers wieder an.
Lenkergriffe für 22er Lenker kann man von modernen Motorrädern bekommen, es gibt sie in den verschiedensten Ausführungen. Da ist meist auch etwas Brauchbares für unseren Veteran zu finden.
Schlechter sieht es bei Lenkern mit 25 mm Durchmesser aus. Für sie sind die heutigen Lenkergummis zu klein. Auf Teilemärkten findet man aber häufig Stände, auf denen neue Gummigriffe angeboten werden, die nach den alten Mustern nachgefertigt worden sind.

4.0. Motor, Vergaser, Wasserkühlung

Hiermit kommen wir zu dem wohl interessantesten Abschnitt des Restaurierens, denn der Motor stellt ja das Herz des Motorrades dar.
Es kann hier keine Beschreibung zum Zerlegen, Instandsetzen und Zusammenbauen von Motorradmotoren gegeben werden, die für alle Fabrikate oder Modelle gültig wäre. Es können nur allgemeine Hinweise gegeben werden, wie man an einen völlig unbekannten Motor herangeht, zu dem man keine Montageanleitung oder Ersatzteilliste besitzt. Es soll hier nur aufgezeigt werden, worauf es beim Zerlegen und bei der Montage ankommt, so daß der Leser in der Lage ist, jeden Motor zu zerlegen, wenn er die folgenden Hinweise beachtet. Man muß dabei immer daran denken, daß sich ein Motor, der ja einmal zusammengebaut worden ist, auch wieder ohne Schaden zerlegen lassen muß.

Teile eines zerlegten JAP-Motors (200 cm³ sv)

4.1. Zerlegen des Motors

Bevor man ans Zerlegen des Motors geht, wird er erst gründlich gereinigt, soweit dies nicht schon bei der Reinigung der gesamten Maschine

geschehen ist. Man entdeckt oft noch in versteckten Winkeln Schmutz, denn die Motoren waren damals noch nicht so glattflächig, wie sie es heute sind. Außerdem waren sie nicht so dicht, da zum Teil Wellendichtungen überhaupt nicht verwendet wurden bzw. bei einer Frischölschmierung naturgemäß ständig Öl den Motor verließ. Das austretende Öl hat dann mit dem Straßendreck im Laufe der Jahre eine sehr widerstandsfähige Schicht gebildet. Am Anfang steht also die Reinigung. Man braucht dabei nicht zu zimperlich vorzugehen, da der Motor ja im Anschluß sofort zerlegt wird.
Vielleicht entdeckt man nach Entfernen der Dreckkruste, daß neben der Motornummer auch noch das Herstellungsjahr, nach dem man schon lange gefahndet hat, in den Block eingeschlagen ist. Gerade bei Motorrädern, die man ohne Kfz.-Brief übernommen hat, ist es meist sehr schwierig, das genaue Baujahr zu ermitteln, sofern dies nicht aus dem Typenschild zu ersehen ist. Der Hersteller hat aber vielfach das Herstellungsjahr ins Motorgehäuse eingeschlagen, oder es findet sich auf Triebwerksbzw. Getriebeteilen. Es lohnt sich hier schon, die Augen offenzuhalten. Sollte sich aber wirklich gar kein Hinweis finden lassen, so läßt sich das Baujahr anhand von Motor- und Fahrgestellnummer ermitteln. Es empfiehlt sich dann, mit Besitzern des gleichen Fahrzeugtyps Kontakt aufzunehmen. Vielleicht hat der eine oder andere noch einen Kfz.-Brief seiner Maschine. Durch Vergleich von Motor- und Fahrgestellnummer kann man so das Baujahr seiner Maschine ermitteln.
Bei den englischen JAP-Motoren ist zwar das Herstellungsjahr direkt nicht ins Motorgehäuse eingeschlagen, sondern man hat es durch Buchstaben verschlüsselt. Das Baujahr eines JAP-Motors läßt sich aus den folgenden Einzelbuchstaben, die mit der Motornummer eingeschlagen sind, schnell und einfach erkennen:
P-N-E-U-M-A-T-I-C-S-W-H-Y-Z-D-R-V-F-O-X. Dabei beginnt 1920 mit P und endet 1939 mit X.

Bedeutung der Buchstaben oberhalb der Motor-Nr. bei JAP: „N" bedeutet 200 sv, „W" bedeutet Baujahr 1930

Nach diesem Exkurs wollen wir uns nun endlich dem Zerlegen des Motors zuwenden. Ist eine Reparaturanleitung vorhanden, ist die Sache relativ einfach. Auch eine Ersatzteilliste kann einem sehr behilflich sein, da man dann schon wenigstens weiß, was sich in dem Motorgehäuse „versteckt". Man sollte daher auf alle Fälle versuchen, irgendwelche Unterlagen über den Motor zu bekommen. Die Arbeit wird dadurch wesentlich einfacher.
Als oberstes Gebot beim Zerlegen eines Motors gilt: niemals Gewalt anwenden. Zu leicht wird dann ein Schaden angerichtet, der sich nicht mehr oder nur mit hohen Kosten wieder beheben läßt. Behandeln Sie den Motor wie ein rohes Ei, es zahlt sich aus. Beim Zerlegen muß man sich Zeit lassen, auch wenn's noch so spannend ist.
Die Demontage eines unbekannten Motors enthält viele Risiken: Sitzt die Mutter auf der Kurbelwelle wirklich so fest, daß man einen Steckschlüssel mit Verlängerung braucht? Oder handelt es sich vielleicht um ein Linksgewinde? Gewaltanwendung mit verlängerten Schlüsseln ist nur eine Möglichkeit, die Frage zu klären; und wohl die schlechteste. Nachdenken ist besser. Gibt es einen Grund für Linksgewinde? Dreht sich ein Rad im Uhrzeigersinn, so wird es sicher von einer Mutter mit Linksgewinde gehalten, da sich andernfalls die Mutter losdrehen könnte. Geht die Mutter trotz richtiger Drehrichtung nicht los, so muß man die Geduld aufbringen,eine Nacht lang ein Kriechmittel einwirken zu lassen. Zusätzlich kann dann noch mit der Lötlampe angewärmt und mit zwei Hämmern gleichzeitig von rechts und links auf die Flächen der Mutter geschlagen werden, bevor der Schlüssel angesetzt wird. Mit Nachdenken, Vorbehandeln und Geduld bekommt man eigentlich jede Mutter los. Das Teilen mit dem Meißel oder dem Muttersprenger sollte wirklich das allerletzte Mittel sein, besonders wenn es sich um eine Mutter mit einem ausgefallenen Feingewinde handelt, die man dann einzeln anfertigen lassen muß.
Zum Abziehen von Ritzeln, Schwungrädern, Mitnehmern, Zahnrädern oder Kettenrädern von Wellen braucht man grundsätzlich Abzieher. Wenn keiner der im Handel erhältlichen Universalabzieher richtig paßt, muß eben ein Abzieher angefertigt werden. Das macht zwar nicht viel Spaß und kostet Zeit und Geld, aber ein durch „Prellschläge" angestauchtes Wellenende, ein von Montiereisen beschädigtes Gehäuse oder Zahnrad werfen viel größere Probleme auf. Bedenken Sie auch, daß der Motor aller Voraussicht nach nicht nur einmal zerlegt werden muß. Es lohnt sich also schon, die wichtigsten Abzieher anzufertigen.
Sind alle erreichbaren Schwung-, Ketten- und Zahnräder abgenommen und alle Schrauben entfernt, die das Motorgehäuse zusammenhalten, so kann es dennoch vorkommen, daß sich die Gehäusehälften nicht trennen lassen. Gewalt ist dann das letzte, was angewendet werden darf.
Zunächst überprüft man, ob auch wirklich alle Schrauben entfernt sind –

Selbstgebaute Haltevorrichtung zum Zerlegen der Kupplung eines 98er Ilo-Motors

sehr oft entdeckt man doch noch eine. Weiterhin kann es sein, daß Kugellager gleichzeitig mit Festsitz im Gehäuse und auf den Wellen sitzen. Da hilft nur Wärme, ohne die überhaupt kein Lager aus einem Leichtmetallgehäuse ausgebaut werden sollte. Zu diesem Zweck wird das Gehäuse an den Stellen, an denen die Lager sitzen, gleichmäßig mit der Lötlampe erwärmt. Man probiert dann von Zeit zu Zeit vorsichtig, ob sich die Gehäusehälften trennen lassen. Wenn nur der Festsitz der Lager die Gehäusehälften zusammengehalten hat, lassen sich diese nun ohne weiteres trennen.
Es kann aber auch sein, daß die Gehäusehälften lediglich mit flüssigem Dichtungsmittel montiert wurden und nun fest zusammenkleben. In diesem Fall hilft wirklich nur sanfte Gewalt mit dem Gummi- oder Kunststoffhammer. Zu erkennen, warum sich ein Motorgehäuse nicht zerlegen läßt, gehört eben auch zur „Kunst des Restaurierens". Mit handwerklichem Können allein ist es nicht getan.
Sind wirklich alle Schrauben, Zahnräder usw. entfernt und das Gehäuse entsprechend erwärmt, lassen sich die Gehäuseteile auch trennen.
Etwas besonders Unerfreuliches ist ein festgerosteter Kolben. Das kommt eigentlich nur bei Zweitaktmotoren vor, wenn sie lange gestanden haben. Es ist unwahrscheinlich, wie fest solche Kolben sitzen können. Auch tagelanges „Einweichen" mit Kriechöl kann da erfolglos bleiben. Solange der Kolben festsitzt, kann man auch den Zylinder nicht abnehmen, die Demontage des ganzen Motors ist blockiert.
Wenn der Zylinderkopf des Motors abnehmbar ist, kann man versuchen, mit einem Rundholz und Hammer den Kolben nach unten zu treiben. Meist rührt er sich aber dabei auch nicht von der Stelle. Wirkungsvoller ist es, anstelle des Zylinderkopfes eine 12 bis 15 Millimeter starke Stahlplatte auf den Zylinder zu schrauben, mit einem kräftigen Gewinde in der Mitte, und den Kolben mit einer langen Schraube nach unten zu drücken. Dabei sollte ein Stück Aluminium den Kolben vor der Schraube schützen. Eine

sehr ausgefallene Methode bei hoffnungslosen Fällen, einen festgerosteten Kolben frei zu bekommen, besteht im Einweichen mit Coca-Cola. Ich selbst habe es noch nicht ausprobiert, es soll aber funktionieren. Irgendwelchen größeren Schaden kann man mit dieser Methode nicht anrichten, weshalb man sie ruhig einmal ausprobieren sollte, bevor man zu gewaltsameren Mitteln greift.
Nach dem Abnehmen des Zylinders wird der Kolben vom Pleuel getrennt. Hierzu ist ebenfalls wieder Wärme nötig. Man entfernt zunächst einen Kolbenbolzen-Sicherungsring, erwärmt den Kolben mittels Lötlampe, und kann dann den Kolbenbolzen durchschieben. Man schiebt ihn aber nur soweit durch, bis der Kolben sich vom Pleuel abnehmen läßt. Den Bolzen aber läßt man im Kolben, damit dieser später wieder in der gleichen Stellung eingebaut wird; vorausgesetzt es werden keine Neuteile verwendet.
Beim Zerlegen des Motors muß natürlich wieder notiert und skizziert werden, wie und wo Teile gesessen haben. Auch das Zusammenbinden von Scheiben, Rädern, Lagern, Büchsen und Ringen mit Draht – in der richtigen Reihenfolge – erleichtert den späteren Zusammenbau erheblich.
Wichtig ist bei Viertaktern, auf Steuermarkierungen zu achten. Sollten auf den entsprechenden Zahnrädern keine vorhanden sein, so empfiehlt es sich, sie anzubringen, was bei der Montage von großem Vorteil sein kann, weil man dann nicht lange nach den richtigen Steuerzeiten zu suchen braucht. Man bringt den Kolben in den OT und markiert die dazugehörige Stellung der Steuerräder zueinander mit Farbtupfern.
Wenn alles zerlegt und gründlich gereinigt ist, kann entschieden weden, was noch brauchbar ist, was repariert werden kann und was ersetzt werden muß. Die Maßstäbe dabei brauchen nicht so streng zu sein wie bei einer Maschine für den täglichen Gebrauch oder für die Ferienreise. Es hat aber auch keinen Sinn, Teile einzubauen, die aller Voraussicht nach nicht mehr lange leben beziehungsweise zu ständigem Ärger Anlaß geben können.
Kugellager werden grundsätzlich gegen neue ausgetauscht, sie sind seit Jahrzehnten genormt, da gibt es keine Beschaffungsprobleme. Ebenso werden natürlich alle Dichtungen erneuert. Bei Papierdichtungen zwischen Gehäuseteilen ist das kein Problem, die kann man selbst anfertigen. Zu diesem Zweck wird die Dichtfläche des einen Gehäuseteils mit Öl bestrichen und auf das auf einer ebenen Unterlage liegende Dichtungspapier gepreßt. Zusätzlich werden die Konturen des Gehäuses mit einem Filzstift auf dem Papier nachgezogen. Nach diesem Abdruck wird dann die Dichtung ausgeschnitten.
Hat man die alte Gehäusedichtung noch retten können, so kann man anhand dieser eine neue anfertigen. Man legt die Dichtung auf das Dichtungspapier und zieht mit einem Filzschreiber die Umrisse nach.

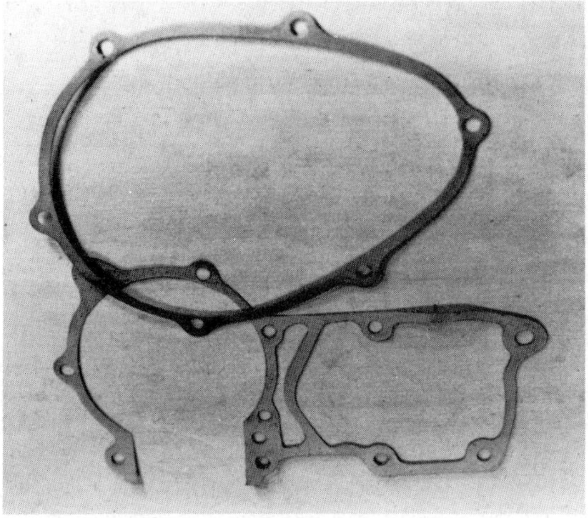

Selbst angefertigte Dichtungen

Neben den Papierdichtungen müssen aber auch die Wellendichtungen erneuert werden, die aus Filz, Spezialleder oder ölfestem Gummi sein können. Wenn man Glück hat, bekommt man vielleicht auf einem Veteranenmarkt oder durch eine Anzeige noch die benötigten Dichtringe. Da man sich diese Wellendichtungen in der Regel nicht selber anfertigen kann, besteht sonst nur die Möglichkeit, hier auf moderne Wellendichtungen, zum Beispiel Simmeringe, umzustellen. Meist wird dann aber eine Änderung am Gehäuse oder der Welle notwendig. Beim Einbau neuer Dichtringe ist darauf zu achten, daß die frühere Dichtung sich nicht in die Welle eingelaufen hat. Andernfalls müßten diese mit Stahl aufgespritzt und überschliffen werden, da sonst der neue Dichtring nicht korrekt abdichten und zudem schnell verschleißen würde.

Kurbelwelle mit Kolben eines JAP-Motors

Links: Kurbelwelle eines 98er Ilo-Motors
Rechts: Kurbelwelle einer DKW SB 200

4.2. Kurbelwelleninstandsetzung

In den nun folgenden Abschnitten werden Arbeiten beschrieben, die man im allgemeinen nicht selbst ausführen kann. Es bleibt dem Restaurator hier lediglich, zu überprüfen, ob ein Teil noch brauchbar ist oder nicht. So werden Haupt- und Pleuellager auf Verschleiß überprüft. Man wird aber nur selten das Glück haben, daß der Verschleiß so gering ist, daß die Welle ohne vorherige Überholung wiederverwendet werden kann.
Das Instandsetzen von Pleuellagern ist bei alten Motoren oft nicht so schwierig wie bei modernen mit zusammengepreßter Kurbelwelle. Diese alten Motoren haben meist zusammengeschraubte Wellen, die leicht zu zerlegen sind. Allerdings wird man außer neuen Lagerrollen auch einen neuen Hubzapfen und Lageraußenring für das Pleuel brauchen – und da fangen die Schwierigkeiten an. Da diese Teile einzeln angefertigt werden müssen, überläßt man die Instandsetzung der ganzen Kurbelwelle lieber einem Spezialbetrieb. Es gibt verschiedene Firmen, die mit diesen Arbeiten jahrelange Erfahrung haben und darauf spezialisiert sind. Handelt es sich bei den Hauptlagern der Welle um Kugellager, so stellt die Erneuerung meist kein Problem dar. Manchmal aber bilden die Wellenzapfen selbst die Gleitfläche, sei es, daß es sich um Gleit- oder um Rollenlager handelt. In beiden Fällen sollte man die Welle mit dem Mikrometer nachmessen und nötigenfalls überschleifen lassen. Es wird dann natürlich die Neuanfertigung von Bronzebuchsen bzw. Übermaßlagern fällig, eine in jedem Fall sehr kostspielige Angelegenheit. Mußte von einer Welle zu viel abgeschliffen werden, um sie wieder zylindrisch zu bekommen, so muß sie natürlich wieder aufgespritzt bzw. hartverchromt werden.

4.3. Kolben, Zylinder, Zylinderkopf

Sie haben nun Zylinder, Zylinderkopf und Kolben vor sich liegen und zu entscheiden, inwieweit diese Teile noch brauchbar sind. Soweit es sich um einen Zweitaktmotor handelt, den Sie überholen wollen, ist am Zylinderkopf keinerlei Instandsetzung nötig, vorausgesetzt das Zündkerzengewinde ist noch in Ordnung und es sind keine Kühlrippen abgebrochen. In diesem Fall wäre es das Beste, nach Ersatz zu suchen, obwohl sich natürlich auch so etwas reparieren läßt. Für defekte Kerzengewinde gibt es Gewindeeinsätze, und abgebrochene Kühlrippen lassen sich durch Alu-Schweißen auch wieder erneuern. Da der Kopf sich dabei verziehen kann, empfiehlt es sich, ihn hinterher planen zu lassen, um eine einwandfreie Dichtfläche zu bekommen.

Geringe Unebenheiten am Kopf oder Zylinder kann man auch selbst ohne größeren Aufwand beseitigen.
Man benötigt lediglich eine dicke plane Glasplatte und Schleifpaste. Man verteilt die Paste auf der Glasplatte und bewegt die zu planende Fläche in kreisenden Bewegungen auf der Glasplatte so lange, bis die gesamte Fläche eine gleichmäßig graue Farbe aufweist.
Beim Schleifen von Leichtmetallflächen darf man nur sehr feinkörnige Schleifpaste verwenden, da man sonst Riefen in die Fläche schleift.
Dem Schleifen folgt selbstverständlich eine gründliche Reinigung.
Zu diesen Arbeiten am Zylinderkopf kommt beim Viertakt-Motor noch die Überholung des Ventiltriebs hinzu, sofern es sich nicht um einen seitengesteuerten Motor handelt. Dazu kommen wir im nächsten Abschnitt.

Zylinder und Kopf sind hier nicht zu trennen; rechts oben ein „Kühltürmchen", das die Temperatur über dem Auslaßventil senken soll

Auch wenn der Kolben nicht festgerostet war, so läßt er sich doch nur dann weiterverwenden, wenn er keine Freßspuren aufweist und der Zylinder nicht zu sehr verschlissen ist. Sobald man den Absatz spüren kann bis zu dem der oberste Kolbenring im oberen Totpunkt gefahren ist, sollte man den Zylinder ausschleifen lassen und einen Übermaßkolben einbauen. Das Schleifen läßt man in einer Zylinderschleiferei machen, das ist das kleinste Problem.
Ein weitaus größeres ist es, einen passenden Kolben zu bekommen. Man sollte zunächst versuchen, etwas Passendes aus dem Automobilbau zu bekommen. Zumindest bei Viertaktmotoren könnte man hier Glück haben. In der Zylinderschleiferei kann man Ihnen darüber Auskunft geben.
Schlechter sieht es da schon bei Zweitaktmotoren aus, besonders wenn es sich um einen Nasenkolben handelt, den man benötigt. Läßt sich nichts auftreiben, bleibt einem nur die teure Einzelanfertigung eines Kolbens. Hierfür sind dann einschließlich Kolbenringen und Bolzen 150,– bis

Nasenkolben, der früher nötig war, um den Gasstrom umzulenken

Zur Reinigung der Überströmkanäle waren bei den alten DKWs diese abnehmbaren Deckel vorgesehen

200,– Mark fällig. Eine stolze Summe; aber wenn man die Arbeit und den Aufwand für einen einzigen Kolben bedenkt, ist es noch garnicht einmal soviel.
Sie sehen, allein die Überholung des Motors verschlingt schon einige hundert Mark. Zu dem Preis für die Anfertigung des Kolbens und das Ausschleifen des Zylinders kommt dann noch der Preis für die Kurbelwelleninstandsetzung, Kugellager und diverse Kleinigkeiten wie z. B. Dichtungen.
Sind Zylinder und Kolben noch brauchbar, muß beides natürlich gründlich gereinigt werden. Beim Zweitakter sind neben Ein- und Auslaß auch die Überströmkanäle zu reinigen.
Ebenso sollten die Kolbenringnuten von Ölkohle befreit werden. Ist hierzu die Demontage der Kolbenringe notwendig, unbedingt eine Kolbenringzange verwenden, da die Ringe sonst brechen können.
Um Zylinder und Zylinderkopf auch von außen wieder ansehnlich zu bekommen, werden beide sandgestrahlt. Rost und alter Lack lassen sich so mühelos entfernen. Nach dem Sandstrahlen sollte der Zylinder sofort lackiert werden, da Grauguß schnell wieder Rost ansetzt. Vor dem Sandstrahlen müssen selbstverständlich sämtliche Öffnungen in Kopf und Zylinder verschlossen werden. Die Dichtflächen werden durch aufgeschraubte Sperrholzbrettchen geschützt.

4.4. Ventiltrieb

Da der Viertakt-Motor ja aufgrund seiner Arbeitsweise mehr bewegte Teile besitzt als der Zweitakt-Motor, gestaltet sich die Überholung verständlicherweise umfangreicher. Zur Steuerung der Gasströme sind folgende bewegten Teile notwendig: Nockenwelle, Stößel, Stoßstangen, Schlepp- bzw. Kipphebel, Ventile mit Führungen, Sitzen und Ventilfedern. Der Schutz gegen Verschmutzung und Wasser war bei Motoren früherer Bauart wesentlich schlechter als heutzutage. Daraus resultiert, daß der Verschleiß auch wesentlich höher war.

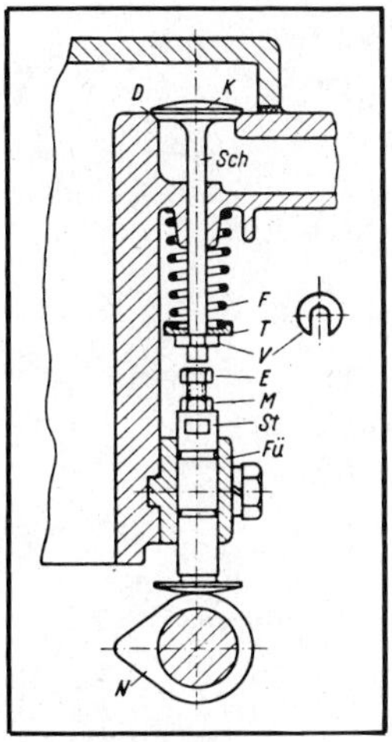

Ventilmechanismus bei seitlich stehenden Ventilen (sv)

Sv-Motor einer Sarolea

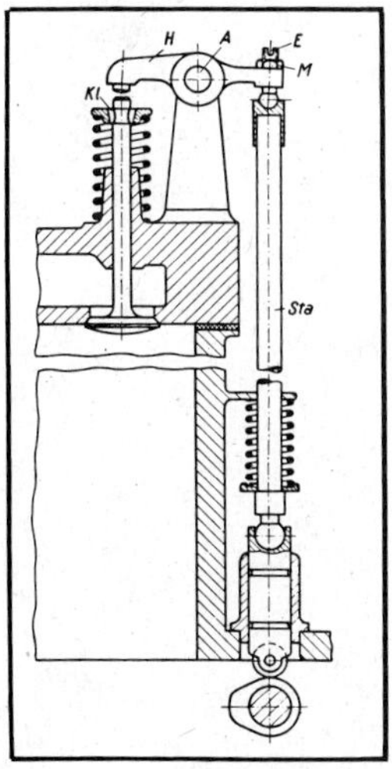

Hängende Ventile (ohv)

ohv-Boxer Motor einer Victoria.
Der Ventilmechanismus war ungeschützt Schmutz und Wasser ausgesetzt

Der Zustand von Ventilen, Ventilsitzen und -führungen ist nicht nur für hohe Leistung – auf die ja verzichtet werden kann – sondern auch für gutes Anspringen und einen sauberen Leerlauf wichtig, und darauf kann man keineswegs verzichten. Wer nicht selbst in der Lage ist, Ventilsitze und Führungen instandzusetzen, weil ihm das Spezialwerkzeug dazu fehlt, überläßt diese Arbeiten den Spezialisten einer Zylinderschleiferei. Es soll hier aber trotzdem kurz aufgezeigt werden, worauf es bei der Instandsetzung des Ventiltriebs ankommt.

Wechselgesteuerter Motor: das Auslaßventil steht, das Einlaßventil hängt

Weisen die Nocken der Nockenwelle Verschleißspuren auf, so muß überschliffen und anschließend wieder aufgechromt werden. Dasselbe gilt für die Schlepp- bzw. Kipphebel.
Ebenso sind die Ventilfedern, die vielleicht vierzig oder fünfzig Jahre unter Spannung gestanden haben, zu erneuern, da sie sonst die Ventile nicht mehr stark genug auf die Ventilsitze pressen.
Ventile und ihre Führungen werden im allgemeinen auch überholungsbedürftig sein. Die Grauguß- oder Bronzeführungen läßt man in einer Zylinderschleiferei herauspressen, denn es müssen meist neue Führungen angefertigt und dann wieder eingepreßt werden. Ebenso müssen die Ventile erneuert werden.
Man kann auch hier versuchen, passende Ventile von modernen Auto- bzw. Motorradmotoren zu bekommen, die nach kleinen Änderungen verwendet werden können. Motorinstandsetzungsbetriebe fertigen auch aus Rohlingen Ventile an. Handelt es sich bei dem zu überholenden Motor um einen ohv-Motor, also um einen Motor, bei dem die Ventile im Zylinderkopf hängen, und handelt es sich um einen Leichtmetallkopf, so sind Ventilführungen aus Bronze oder Grauguß eingepreßt. In diesem Fall werden die Führungen herausgepreßt und durch neue ersetzt, die gegebenenfalls neu angefertigt werden müssen. Außerdem werden natürlich auch die

Acht Ventile besaß diese Zweizylinder-Wanderer von 1926

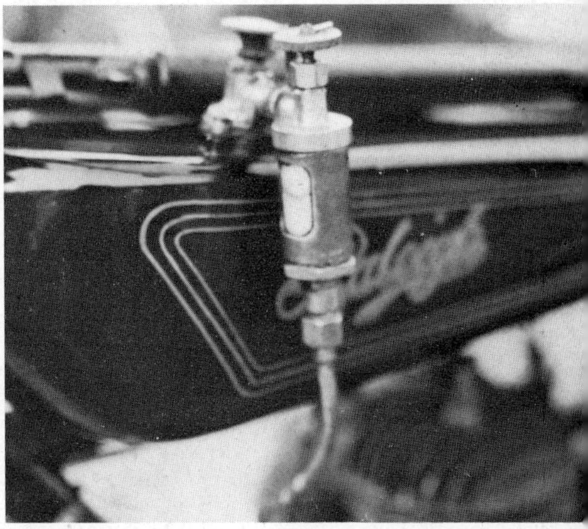

Sehr ungenau war eine solche Ölversorgung mittels Handpumpe

Ventile erneuert, da sie bei verschlissenen Führungen ebenfalls verschlissen sein werden.
Ferner müssen die Ventilsitze nachgearbeitet werden, damit die Ventile dicht schließen. Es gibt hierzu Ventilsitzfräser, die in der Ventilführung geführt werden und mit deren Hilfe die Sitze sauber gefräst werden können.

4.5. Motorschmierung

Der Zweitakt-Motor bekommt sein Schmieröl zwangsläufig mit dem Kraftstoff mitgeliefert (Mischungsschmierung). Beim Viertakter hingegen ist die Motorschmierung aufwendiger.
Nachdem die Anforderungen an Schmierung der Triebwerkstelle aufgrund der steigenden Leistung und Drehzahl mehr und mehr angestiegen war, ging man beim Viertakt-Motor von der in den Anfängen üblichen Handpumpe zur vom Motor angetriebenen Ölpumpe über. Diese lieferte nun drehzahlabhängig die richtige Menge Motoröl. Üblich waren damals sowohl die Frischöl- und die Druckumlauf-Schmierung.
Bei der Frischöl-Schmierung fließt das Öl von einem Öltank, der auch im Kraftstoffbehälter untergebracht sein kann, durch eine Leitung zur Ölpumpe, die von der Kurbelwelle, der Nockenwelle oder von einem Zwischenrad angetrieben wird. Von dort aus werden dann die einzelnen Schmierstellen im Motor mit Öl versorgt. Zuviel gefördertes Öl wird ein-

Öltank und Ölpumpe

fach verbrannt oder verläßt den Motor über eine eigens dafür vorgesehene Leitung.
Vorteil dieser Schmierungsart ist, daß der Motor ständig frisches Öl zur Verfügung hat. Nachteil dagegen ist, daß das Motorrad leicht aus dem Auspuff qualmen kann, bzw. daß der Motor nie ganz sauber ist.
Ein wesentlich ökonomischeres Schmiersystem (das deshalb später auch fast überall die einstige Frischölschmierung bei Viertaktmotoren abgelöst hat) ist die sogenannte Druck-Umlaufschmierung. Bei dieser befindet sich unten im Motorgehäuse (das dann evtl. auch zur Ölkühlung außen verrippt ist) eine Öl-Vorratsmenge. Aus diesem Reservoir saugt eine vom Motor angetriebene Zahnrad- oder Kolbenpumpe ständig Öl an und drückt es durch Leitungen bzw. Bohrungen im Motor zu den zu schmierenden Lagern und Gleitstellen. Das Öl, das sich nur zum geringsten Teil bei seiner Schmieraufgabe verbraucht (aber zusätzlich zur Innenkühlung des Motors beiträgt), fließt dann wieder in das Reservoir im Gehäuseunterteil (den „Ölsumpf") zurück – in einem vorgeschalteten Ölfilter von eventuellen Verunreinigungen gesäubert gelangt es dann wieder in den von der Pumpe bewirkten „Druck-Umlauf".
Eine besondere Art der Druckumlaufschmierung ist die Trockensumpfschmierung. Besitzt ein alter Viertakter schon eine Trockensumpfschmierung, so führen zwei Ölleitungen vom meist separat am Rahmen befestigten Öltank zum Motor, eine Hin- und eine Rücklaufleitung. Dazu gehören auch zwei getrennte Ölpumpen, eine Zuführ- und eine Rückförderpumpe, die jedoch meist im gleichen Gehäuse untergebracht sind, außerdem auch wieder mindestens ein Ölfilter. Die Trockensumpfschmierung ist einer normalen Umlaufschmierung sehr ähnlich, nur befindet sich der Ölvorrat nicht unten in der Ölwanne, sondern eben in einem gesonderten Tank. Deshalb wird auch die zweite Ölpumpe benötigt, die in ihrer Fördermenge größer als die Schmierpumpe ausgelegt ist, damit der „Sumpf"

unten im Motor stets „trocken“ ist. Die Fördermenge der Pumpen ist bei diesem Schmiersystem normalerweise nicht einstellbar. Man muß sich aber bei laufendem Motor davon überzeugen, daß das Öl ständig in den Tank zurückgefördert wird.

Ölpumpe, rechts die Schraube zum Einstellen der Fördermenge

Schwierig, aber alles andere als unwichtig ist bei der Frischölschmierung die Einstellung der Fördermenge der Pumpe. Die Pumpen besitzen einen Knopf oder eine Schraube zur Verstellung der Fördermenge. Wie hier eingestellt werden muß, kann man nicht generell sagen, das richtet sich nicht zuletzt nach dem Zustand der Pumpe. Wenn sie alt und abgenützt ist, kann entweder zuviel Öl durchlaufen oder zuwenig Öl gefördert werden. Man muß also die richtige Einstellung durch Probieren ermitteln. Zuviel Öl zeigt sich an blau-weißem Auspuffqualm, zuwenig Öl am Heißwerden des Motors und schlechter Leistung. Weiteres hierzu im Kapitel über Schmiertechnik.
Natürlich wird die Pumpe vor dem Einbau gründlich gereinigt, das alte verharzte Öl muß restlos entfernt werden.
Zur Schmierung des Motors wichtig sind außer der Ölpumpe auch die Ölkanäle im Motor selbst. Man muß ihren Weg verfolgen, um die Funktion des Schmiersystems zu verstehen und für seinen einwandfreien Zustand sorgen zu können. Dazu gehört Durchstochern mit Draht, Durchspülen und Durchblasen, um Schmutz und verharztes Öl zu entfernen.
Die Pleuellager von Viertaktern erhalten Öl meist durch Kanäle in Wellenzapfen, Kurbelwange und Hubzapfen. Auch wenn die Kurbelwelle nicht zerlegt wird, muß so lange dünnflüssiges, sauberes Motoröl durch diese Kanäle gedrückt werden, bis es sauber wieder austritt.

4.6. Motormontage

Der innen überholte Motor soll natürlich auch äußerlich schön aussehen.

Man läßt hierzu das Gehäuse ebenso wie den Zylinder vor dem Zusammenbauen sandstrahlen. Dadurch bekommt das Leichtmetall eine völlig gleichmäßige, saubere, mattgraue Oberfläche. Wichtig sind dabei allerdings die Vorarbeiten, die man selbst durchführen muß. Das Teil muß sauber und fettfrei sein, irgendwelche Oberflächenschäden durch Gewaltanwendung, Scheuerstellen oder Schweißnähte müssen sehr sauber verfeilt und mit Schmirgelleinen geglättet werden. Alle Öffnungen oder Auflageflächen für andere Teile müssen mit passenden und festgeschraubten Sperrholzbrettchen abgedeckt werden. In Gewinde werden alte Schrauben gedreht, Bohrungen können mit Korken oder Holzstopfen verschlossen werden. Diese Maßnahmen verhindern, daß viel Sand ins Innere gelangen kann, bzw. daß Auflageflächen oder Gewinde vom Sand beschädigt werden.
Da auch bei sorgfältiger Abdeckung immer noch etwas Sand in das Gehäuse kommt, muß dieses auch innen öl- und fettfrei sein. Der eingedrungene Sand läßt sich dann mit viel Wasser entfernen. Wenn er sich aber mit Öl oder Fett vermischt hat, ist er nur sehr schwer wieder zu beseitigen.
Manche alten Motoren haben Leichtmetall-Kurbelgehäuse, deren Oberfläche nicht gleichmäßig mattgrau, sondern poliert und mit einem Muster versehen ist. Lauter runde, etwa 20 Millimeter große Flächen, die einander überschneiden. Ein solches Muster gehört bei den betreffenden Motoren einfach dazu, es zeigt, wieviel Zeit man sich damals beim Bau von Motoren nahm, und es wäre falsch, es durch Sandstrahlen zu entfernen.
Erneuert wird es mit Scheuerpulver, Wasser und einem Flaschenkorken, der auf ein Stück Rundmaterial gesteckt und von der elektrischen Bohrmaschine gedreht wird. Selbstverständlich müssen die Gehäuseteile zunächst eine glatte, polierte Oberfläche haben, eine rauhe Gußhaut läßt sich nicht mustern. Andererseits hüte man sich aber auch davor, des Guten zuviel zu tun und ein Gehäuse, das serienmäßig nicht poliert war, auf Hochglanz zu bringen. Das mag zwar schön aussehen, ist aber nicht original, und gerade Originaltreue sollte bei der Restaurierung das Wichtigste sein. Deshalb der Apell, in diese Hinsicht nicht zu übertreiben.
Grundsätzlich geht man bei der Montage eines Motors umgekehrt vor wie beim Zerlegen. Sie kennen ja nun das Innenleben Ihres Motors und wissen, worauf es ankommt. Wenn Sie dann noch die Notizen, die Sie bei der Demontage gemacht haben, hinzuziehen, dürfte es keine Probleme geben.
Sofern Papierdichtungen benötigt werden, haben Sie diese ja nach den alten Dichtungen oder nach den Gehäuseteilen angefertigt. Wichtig ist dabei, daß die neuen Dichtungen die gleiche Stärke wie die alten haben, um gleiches axiales Spiel der im Gehäuse laufenden Wellen zu

gewährleisten. Oft findet man an der alten Dichtung noch eine Stelle, die über das Gehäuse hinausragte, und deshalb von den Gehäusehälften nicht plattgedrückt wurde. Die Stärke der Dichtung läßt sich hier gut nachmessen.

Wichtig ist es, bei der Montage der Nockenwelle darauf zu achten, daß die Steuerzeiten stimmen, man bemüht sich sonst später vergeblich, den Motor zum Leben zu erwecken. Sollten keine Markierungen auf den zum Antrieb der Nockenwelle vorgesehenen Rädern zu finden sein, und haben Sie beim Zerlegen auch keine angebracht, dann wird auf „Überschneiden" eingestellt. Man versteht darunter, daß zwischen Auspuff- und Ansaugtakt, wenn der Kolben im oberen Totpunkt steht, beide Ventile gleichweit offen sind, also das Auslaßventil gerade zu schließen und das Einlaßventil gerade zu öffnen beginnt. Mit dieser Ventileinstellung läuft der Motor auf jeden Fall.

Auch für das Ventilspiel gibt es Faustregeln. Bei kaltem Motor 0,1 mm für Ein- und Auslaßventil, beim Auslaß eventuell auch 0,15 bis 0,20 mm. Später, bei warmem Motor kann man sich vergewissern, ob genug Ventilspiel vorhanden ist, indem man bei stehendem Motor probiert, ob sich die Stoßstangen oder Stößel noch leicht, aber ohne fühlbares Höhenspiel drehen lassen. Wenn das der Fall ist, besteht keine Gefahr, daß die Ventile verbrennen.

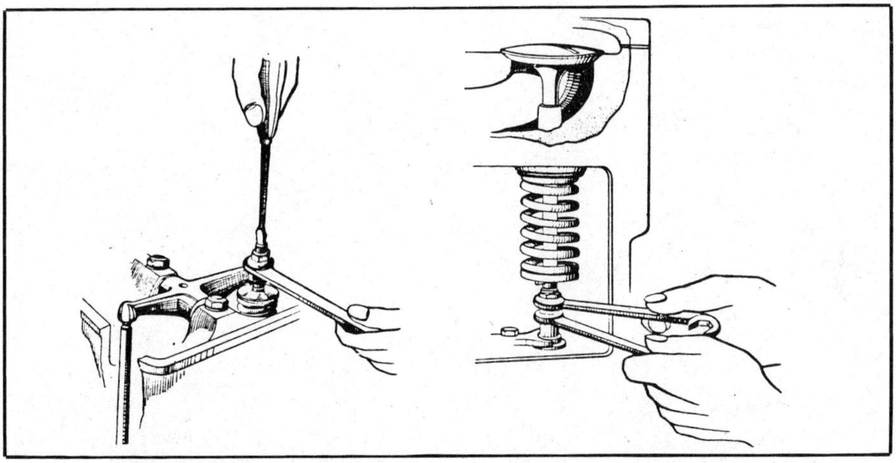

Einstellen des Ventilspiels bei hängenden Ventilen

Einstellen des Ventilspiels bei stehenden Ventilen

Ventile müssen vor dem Einbau eingeschliffen werden. Es gibt hierfür spezielle Einschleifpaste, mit der die Sitze der Ventile bestrichen werden. Unter leichtem Druck werden die Ventile dann in den Sitzringen gedreht bis die Sitzflächen eine gleichmäßig mattgraue Färbung zeigen. Früher

befanden sich Schlitze in den Ventiltellern, so daß man die Ventile beim Einschleifen mit einem Schraubenzieher drehen konnte. Nach dem Schleifen werden Ventile und Sitzringe gut gereinigt. Um festzustellen, ob das Ventil einwandfrei dichtet, macht man im Abstand von 45 Grad vier Kreidestriche auf den Sitzring, setzt das Ventil ein und dreht es um 45 Grad. Nach dem Herausnehmen des Ventils muß sich die Kreide gleichmäßig verteilt haben.
Bei der Montage des Kolbens ist bei Zweitakt-Motoren darauf zu achten, daß er in der richtigen Stellung montiert wird, da ja die Stoßstellen der Kolbenringe weder im Bereich des Ein- bzw. Auslaßschlitzes noch im Bereich der Überströmkanäle liegen dürfen, da es sonst zu Kolbenringbrüchen kommen würde. Die Kolben sind deshalb auf dem Kolbenboden mit einem Pfeil gekennzeichnet, der in montiertem Zustand in Richtung Auslaß zeigen muß.
Klar dürfte sein, daß alle beweglichen Teile vor dem Zusammenbau gut geölt werden, da ja später der Motor nicht vom ersten Takt an mit Öl versorgt wird, weshalb ein gewisser Vorrat vorhanden sein muß.
Vermutlich wird niemand auf die Idee kommen, einen Veteran mit Innensechskantschrauben zu verschandeln. Für das Motorgehäuse einer modernen Maschine mögen sie praktisch sein, an einen Veteran gehören sie nicht. Das gleiche gilt für Markenschrauben mit Herstellerzeichen und Festigkeitsangabe auf dem Kopf. Man kann sie zwar verwenden, schleift dann aber vor dem Vernickeln die Markierung ab.

4.7. Vergaser

Der Vergaser hat die Aufgabe, den Motor mit zündfähigem Kraftstoff-Luft-Gemisch zu versorgen.
Die verschiedenen Arten von Vergasern, die man zu Beginn der Motorisierung konstruiert hatte, haben sich auf wenige Typen reduziert. Man unterscheidet Steig-, Fall-, Flach- und Schrägstromvergaser, wobei der Schrägstromvergaser nur eine Variante des Flachstromvergasers darsellt. Flach- bzw. Schrägstromvergaser waren es auch letztlich, die sich im Motorradbau durchgesetzt haben.
Die verschiedenen Vergasertypen unterscheiden sich in der Instandsetzung prinzipiell nicht. Die Instandsetzungsarbeiten sind meist auch nur sehr gering, abgesehen davon, daß vielleicht das Gehäuse beschädigt ist. Aber da bleibt einem ja doch nur die Möglichkeit, sich ein neues Gehäuse oder einen kompletten Vergaser zu besorgen. Ansonsten funktioniert ein Vergaser eigentlich immer, solange er nur sauberen Kraftstoff bekommt.

Achilles von 1901 mit Oberflächenvergaser

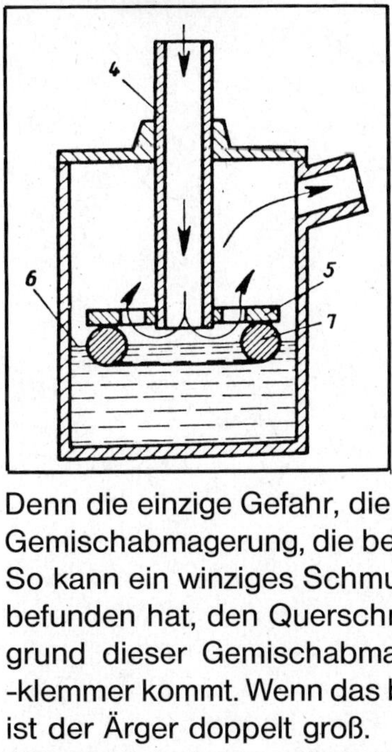

Oberflächenvergaser;
4 = Lufteintritt
5 = Luftlenkplatte
6 = Kraftstoffniveau
7 = Ringschwimmer

Denn die einzige Gefahr, die von einem Vergaser ausgehen kann, ist die Gemischabmagerung, die beim Zweitaktmotor fatale Folgen haben kann. So kann ein winziges Schmutzteilchen, das sich vielleicht noch im Tank befunden hat, den Querschnitt der Düse soweit verringern, daß es aufgrund dieser Gemischabmagerung zu einem Kolbenfresser oder gar -klemmer kommt. Wenn das bei einem gerade überholten Motor passiert, ist der Ärger doppelt groß.
Aber auch bei einem Viertaktmotor führt Gemischabmagerung zur Überhitzung.
Sauberkeit ist also das A und O; wenn das beachtet wird, dürfte es eigentlich keine Vergaserprobleme geben.

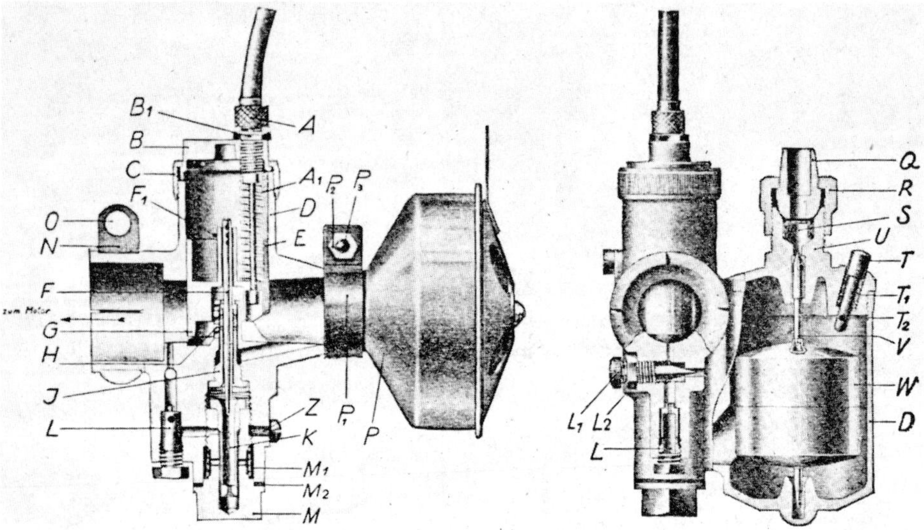

Nadeldüsen-Schwimmervergaser

A Bowdenzugstellschraube
A_1 Kolbenfeder
B Deckelplatte
B_1 Gegenmutter
C Deckelverschraubung
D Vergasergehäuse
E Gaskolben
F Nadel
F_1 Nadelklemme
G Mischraum im Gaskolben
H Mischrohr
J Nadeldüse
K Brennstoffdüse
L Leerlaufdüse
L_1 Leerlaufregulierschraube
L_2 Mutter für Regulierschraube
M Düsenhalter
M_1 Filter für Düse
M_2 Dichtungsscheibe
N Klemmring
O Klemmschraube
P Startfilter
P_1 Klemmring
P_2 Gegenmutter
P_3 Klemmschraube
Q Dichtungskonus
R Überwurfmutter
S Eingangsfilter
T Tupfer
T_1 Tupferfeder
T_2 Tupfersplint
U Schwimmergehäusedeckel
V Schwimmernadel
W Schwimmer

Nach dem Zerlegen wird der Vergaser gründlich gereinigt. Zunächst wird er in Benzin gewaschen und anschließend mit Druckluft ausgeblasen. Sämtliche Düsen und Bohrungen müssen durchgeblasen werden, um sicher zu gehen, daß sich nirgendwo noch Schmutzteilchen versteckt haben, die dann später Anlaß zu Ärger geben.
Die einzigen Teile, die im Vergaser dem Verschleiß unterliegen, sind das Schwimmernadelventil, das den Benzinzufluß reguliert, und der Gasschieber, der je nach Stellung mehr oder weniger Luft durch den Vergaser läßt.
Ein passendes Schwimmernadelventil wird man nicht allzu schwer finden können, auch wenn eine kleine Änderung nötig sein sollte. Ein stark verschlissenes Ventil wiederzuverwenden hat wenig Sinn, da man dann ständigen Ärger mit einem überlaufenden Vergaser oder zumindest mit zu fettem Kraftstoff-Luft-Gemisch haben wird.
Ein gebrauchter Gasschieber läßt sich da schon eher wiederverwenden, obwohl man natürlich auch hier versuchen wird, zunächst ein Neuteil zu

bekommen. Bei einem stark verschlissenen Schieber kann man sich aber notfalls auch selbst helfen (sofern nicht auch die Schieberführung im Gehäuse zu stark ausgeschlagen ist), indem man ihn im Durchmesser etwas abdreht, ein passendes Rohr über den Schieber stülpt, dieses verlötet, und dann noch einmal auf das entsprechende Maß andreht. Anschließend werden dann die entsprechenden Aussparungen, Schlitze usw. nachgearbeitet.
Sollte der Schwimmer undicht sein, so kann das Loch leicht mit Weichlot zugelötet werden, da die Schwimmer ja seinerzeit aus Messingblech bestanden. Man muß aber beim Löten sparsam in der Verwendung des Lotes sein, da sich sonst das Gewicht des Schwimmers erhöht und damit den Schwimmer- und Kraftstoffstand im Vergaser verändert. Vor dem Löten wird der Schwimmer in kochendes Wasser gelegt, um Benzin, das durch die Leckstelle in den Schwimmer gelangt ist, vor dem Löten zum Verdunsten zu bringen.
Als Luftfilter wurden früher (wenn überhaupt) einfache Drahtfilter (sogenannte Naßluftfilter) benutzt, wobei das Drahtgeflecht mit Öl benetzt wurde, das den in der angesaugten Luft enthaltenen Schmutz zurückhalten sollte. Diese Filter hatten zwar den Vorteil, daß sie sehr widerstandsarm die Luft hindurchließen und diese auch relativ gut reinigten; sie mußten aber doch recht häufig gesäubert werden; man wäscht sie dazu in Benzin aus und benetzt sie anschließend wieder mit Motoröl.
Es wurden seinerzeit auch Filter verwendet, die ohne Drahtgeflecht die Luft nur durch entsprechende Umlenkung reinigten, wobei sich der Schmutz auf schräggestellten Lamellen absetzen sollte. Anfangs (und später noch bei „sportlichen“ Maschinen) wurde zum Teil gänzlich auf eine Reinigung der Ansaugluft verzichtet. Die angesaugte Luft gelangte dann durch einen Ansaugtrichter direkt zum Vergaser und in den Motor. Soll eine solche Maschine auf Rallyes bewegt werden, so würde ich doch empfehlen, ein Luftfilter vor den Vergaser zu setzen. Denn der mit der Luft angesaugte Staub sorgt für erhöhten Motorverschleiß. Meiner Ansicht nach ist es vernünftiger, auf die Spitzenleistung zu verzichten, wenn man dafür eine längere Haltbarkeit des Motors bekommt.
Verwendet man einen der oben beschriebenen Drahtfilter zur Reinigung der Ansaugluft, so dürfte der Unterschied in der Leistungsabgabe gegenüber einem Einlauftrichter sowieso nicht spürbar sein – allerdings wird meist eine geringfügige Verkleinerung der Hauptdüse notwendig sein.
Zum Abschluß noch ein Wort zur Kraftstoffleitung. Oft genug findet man an Veteranen anstelle der seinerzeit verwendeten Kupfer- oder Leichtmetall-Leitung moderne Benzinschläuche. Diese mögen zwar praktischer sein, es handelt sich aber wieder eindeutig um einen Stilbruch. Gerade die Originaltreue, selbst bei solchen kleinen Details, spiegelt die Gewissenhaf-

Kraftstoffhahn und -leitung an dieser DKW sind noch original

tigkeit eines Restaurators wider. Vielfach wurde die Metall-Kraftstoffleitung schon in früheren Jahren gegen eine Kunststoffleitung ausgetauscht, vielleicht als ein anderer Kraftstoffhahn montiert wurde.
Die Anfertigung einer Metall-Kraftstoffleitung stellt keine große Schwierigkeit dar. Ein entsprechendes Rohr kann man über den Autoersatzteilhandel bekommen, das dann entsprechend gebogen wird.
Um einen Bruch der an sich starren Metalleitung zu verhindern, besaß diese Gewindegänge wie eine Feder, wodurch die Leitung elastisch wurde. Will man diese Spirale nachformen, so wird die Leitung um ein Rohr oder ähnliches mit entsprechendem Durchmesser gewickelt. An die fertig gebogene Leitung werden abschließend Anschlußnippel entsprechend den Anschluß-Konen an Vergaser und Kraftstoffhahn angelötet.

4.8. Wasserkühlung

Bei der bei unseren Veteranen vorkommenden Wasserkühlung handelt es sich ausschließlich um die sogenannte „Thermosiphon-Kühlung". Hierbei erfolgt der Wasserumlauf ohne zusätzliche Wasserpumpe allein durch das zwischen Zylinder und Kühler bestehende Wärmegefälle. Das am

Wasserkühlung bei DKW; beachtenswert auch der (nie serienmäßige) Fußhebel für die Kupplung

Wasserkühlung einer 600er Scott von 1926

Zylinder erwärmte Wasser steigt nach oben, kühlt sich im Kühler ab, sinkt dabei nach unten und gelangt so wieder in den Wassermantel am Zylinder und Kopf.

Erneuert werden natürlich die Schläuche vom Motor zum Zylinder, sie kann man in den verschiedenen Durchmessern als Meterware kaufen. Zur

Luftkühlung mit Gebläse wie bei dieser DKW fand sich früher verhältnismäßig selten

Befestigung der Wasserschläuche verwende man keine zu modern aussehenden Schellen.
Ferner empfiehlt es sich, den Kühler zu entkalken, um die Wirksamkeit des Kühlsystems zu gewährleisten. Es gibt hierfür im Autozubehörhandel spezielle Mittel. Mit Essigessenz versetztes Wasser erfüllt den gleichen Zweck. Man kann hierbei gleich den Kühler auf Leckstellen untersuchen, die man entweder selbst dichtlöten kann, oder aber man bringt den Kühler zu einer Kühlerbaufirma, die auf solche Reparaturen eingerichtet ist. Um erneute Ablagerungen im Kühlsystem zu verhindern, wird dieses nur mit destilliertem Wasser befüllt, dem etwas Frostschutzmittel zugegeben wird, das gleichzeitig auch noch Schutz gegen Korrosion bietet. Man sollte hier aber nicht zu viel des Guten tun, da diese Frostschutzmittel wesentlich schlechtere Kühleigenschaften als Wasser besitzen. Verwendet man zuviel davon, so kann dies bei warmem Wetter und hoher Belastung zur Überhitzung des Motors führen. Lediglich im Winter sind größere Zugaben des Frostschutzmittels notwendig. Das Mischungsverhältnis für die auftretenden Minusgrade findet sich auf der Dose.

5.0 Getriebe, Kupplung, Antrieb

In dem nun folgenden Abschnitt wollen wir uns mit der Kraftübertragung vom Motor bis zum Hinterrad befassen.
Sofern Getriebe und Motor bei jüngeren Maschinen schon zu einem Block vereinigt sind, ist die Instandsetzung meist nicht so umfangreich, da Kupplung und Primärantrieb zum einen besser mit Schmiermittel versorgt wurden und zum anderen natürlich vollkommen gegen Schmutz und Wasser geschützt waren, was den Verschleiß verständlicherweise wesentlich geringer hielt.

Bei getrenntem Getriebe ist der Primärantrieb Schmutz und Regen ausgesetzt

5.1. Getriebeinstandsetzung

Motorradgetriebe sind in aller Regel haltbarer als Motorradmotoren. Der Verschleiß beschränkt sich hier weitgehend auf die Kupplungslamellen, Kettenräder, Lagerbüchsen und die Verzahnung des Kickstartermechanismus.

Ein derartig offenliegender Kickstartermechanismus verschleißt verständlicherweise schneller

Sollte jedoch der Fall vorkommen, daß aus Getrieberädern Zähne ausgebrochen sind, so muß man versuchen, ein Ersatzrad oder ein komplettes Getriebe zu beschaffen. Bei separatem Getriebe dürfte dies kein allzu großes Problem sein, da in den zwanziger und dreißiger Jahren viele Motorradfabriken Getriebe von Hurth, Getrag, Burman usw. einbauten. Weil aber die Getriebehersteller bemüht waren, ihre Getriebe an möglichst viele Firmen zu verkaufen, kann es durchaus sein, daß zumindest die Getriebesätze von völlig verschiedenen Motorrädern untereinander austauschbar sind bzw. daß die kompletten Getriebe passen. Außerdem besteht die Möglichkeit, ein ähnliches Getriebe eines anderen Getriebeherstellers einzubauen, und wenn das dann statt drei Gänge deren vier (oder umgekehrt) hat, ist das nicht das Schlimmste.
An- und Abtrieb dieser separaten Getriebe lag grundsätzlich auf der linken und der Starter auf der rechten Seite. Unterschiedlich war dagegen oft die Befestigung am Rahmen. Es gab hängende Getriebe, die also die Befestigungsbolzen oben hatten, und stehende mit den Befestigungsbolzen an der Unterseite des Gehäuses.
Auf jeden Fall muß beim Einbau eines fremden Getriebes auf die sogenannte Kettenlinie geachtet werden, das ist der Abstand von Mitte Kettenspur bis Mitte Fahrzeug.

Separates Getriebe

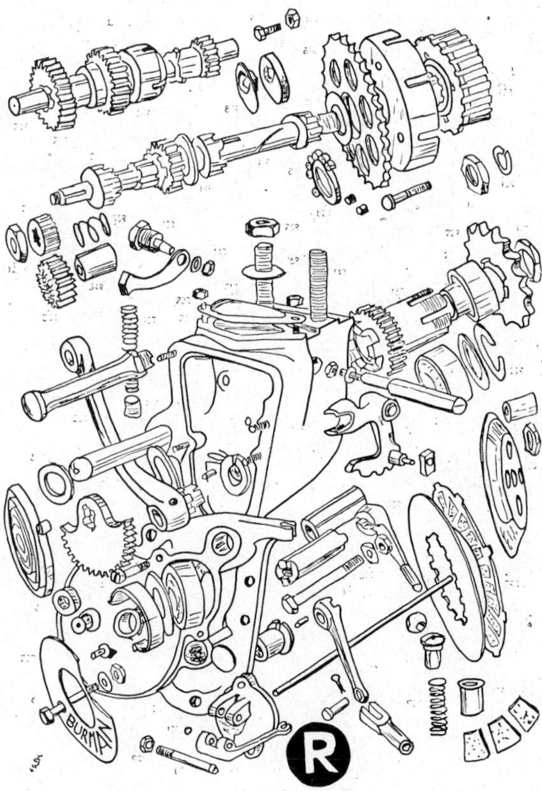

Explosionszeichnung eines BURMAN-Getriebes

Bei der Instandsetzung des Getriebes geht man prinzipiell genauso vor wie beim Motor. Wellen und Buchsen werden auf Verschleiß überprüft und gegebenenfalls übergeschliffen bzw. neu angefertigt. Ebenso werden natürlich Kugellager gegen neue ausgetauscht, sofern notwendig.
Beim Fahren herausspringende Gänge sind eine sehr unerfreuliche Eigenschaft alter und schon etwas verschlissener Getriebe. Eine verhältnismäßig einfache Abhilfe ist das Verstärken der Feder, die den Arretierhebel oder eine Arretierkugel belastet. Wenn das nicht ausreicht, muß man sich einmal die Schaltklauen seitlich an den Getrieberädern genau ansehen, die meist nicht mehr scharfkantig, sondern abgerundet sein werden. Sie können dann vorsichtig nachgeschliffen werden, eventuell sogar mit etwas Hinterschliff.

5.2. Überholen der Kupplung

Bei den meisten Veteranen wird man Korklamellen als Reiblamellen finden, die entweder trocken (bei getrennten Getrieben) oder im Öl bzw. Öl/Fett-Gemisch bei Blockkonstruktionen laufen. Kork war bis kurz vor dem Zweiten Weltkrieg das gebräuchlichste Material für Kupplungsbeläge. Die Korklamellen bestehen aus Blechscheiben mit vielen Löchern, in die etwa fünf Millimeter hohe Korkstopfen so eingedrückt sind, daß sie auf beiden Seiten ca. 1,5 Millimeter überstehen.
Ist es nicht möglich, irgendwoher noch neue Reiblamellen zu bekommen, so kann man sich hier leicht selbst helfen. Man besorgt sich in der Drogerie oder Apotheke Korken des entsprechenden Durchmessers, d. h. der Durchmesser der Korken muß ca. 2–3 Millimeter größer sein als der des Lochs in der Blechscheibe, damit der Korken später fest sitzt. Die Korken werden mit einer Rasierklinge in Scheiben von etwa 5 Millimeter Dicke geschnitten und die Scheiben anschließend in kochendes Wasser gelegt, um sie überhaupt in die kleineren Löcher der Blechscheiben drükken zu können. Die Korken werden nun auf beiden Seiten gleichweit durchgeschoben und anschließend werden die Scheiben zum Trocknen weggelegt. Sind die Korken ganz trocken, dann dürfen sie sich in den Scheiben nicht mehr bewegen lassen, andernfalls sind die Korken zu klein gewesen.
Zum Planschleifen der Reiblamellen befestigt man am besten einen Bogen Schleifpapier auf einem Brett, wobei dann mit kreisenden Bewegungen solange geschliffen wird bis alle Korken die gleiche Höhe haben, ca. 1,5 mm auf jeder Seite.
Die so instandgesetzten Lamellen sind genauso gut wie die seinerzeitigen

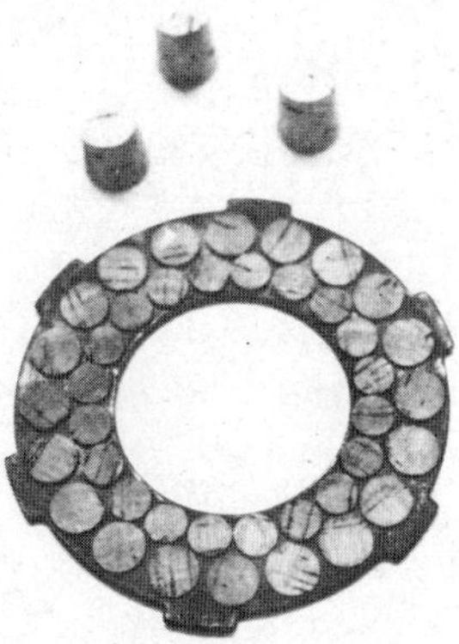

Eine Kupplungsscheibe läßt sich leicht mit neuen Korken versehen

Original-Lamellen.
Außer der Erneuerung der Korken bei den Kupplungsscheiben fallen hier natürlich auch wieder die üblichen Arbeiten wie z. B. die Anfertigung von Lagerbuchsen an. In den meisten Fällen wird man zum Zerlegen der Kupplung Halte- bzw. Spannvorrichtungen brauchen, so etwa zum Zusammendrücken der Kupplungsfedern. Diese wird man ebenso, wie eine eventuell notwendige Abziehvorrichtung für die Kupplungsnabe, in der Regel selbst anfertigen müssen, da man nur selten auf käufliche Vorrichtungen zurückgreifen kann.

5.3. Hinterradantrieb

Zum Antrieb des Hinterrades wurden früher verschiedene Wege beschritten. Im frühen Stadium der Motorradentwicklung fand sich weitgehend der Antrieb durch Riemen, es gab da die verschiedensten Ausführungen. Allerdings kam diese Antriebsart durch ständige Zunahme der „Pferdestärken" schnell an ihre Leistungsgrenze, weshalb sich dann der Antrieb durch Kette bzw. Kardan durchsetzte. Obwohl es sich ja genau genommen nicht um einen Kardan handelt, solange das Hinterrad ungefedert ist. Diese Bezeichnung hat sich zwar im Sprachgebrauch durchgesetzt, man sollte aber besser von einem Wellenantrieb sprechen.

RIEMENANTRIEB

Der Antrieb durch Riemen hat gegenüber anderen Antriebsarten den Vorteil großer Einfachheit. Die Riemenscheiben unterliegen praktisch keinem

Hinterradantrieb mittels Flachriemen

Der Antrieb erfolgt bei dieser NSU über einen Keilriemen

Antrieb über einen Gliederriemen

Verschleiß. Es ist lediglich der Riemen zu erneuern. Der Riemenantrieb hat aber auf der anderen Seite den Nachteil, daß er nur für geringe Leistung brauchbar ist. Außerdem hat er die unangenehme Eigenschaft, bei Regen leicht durchzurutschen. „Vornehme" Veteranen besaßen deshalb Spannvorrichtungen, mit denen der Riemen mittels einer kleinen Kurbel strammer gestellt werden konnte. Wer eine solche Vorrichtung nicht an seiner Maschine hatte, war auf seinen Sozius angewiesen, der während der Fahrt von Zeit zu Zeit Sägemehl auf den Riemen streuen mußte.
Keilriemen kann man heute in Geschäften für Industriebedarf bekommen. Sie werden für den Antrieb von Maschinen oder Kompressoren benötigt. Helfen kann man sich auch mit den von der Firma Universal-Gliederriemen zu bekommenden Gliederriemen. Diese Riemen bestehen ähnlich wie eine Kette aus einzelnen Gliedern, die man aneinanderreiht, bis die erforderliche Länge erreicht ist. Man kann auf diese Art jeden Riemen ersetzen.

KETTENANTRIEB

Der Kettenantrieb ist gegenüber dem Riemenantrieb schon aufwendiger und auch pflegebedürftiger, hat aber nicht dessen Nachteile.

Mit einem derart verschlissenen Ritzel kann man nicht mehr fahren

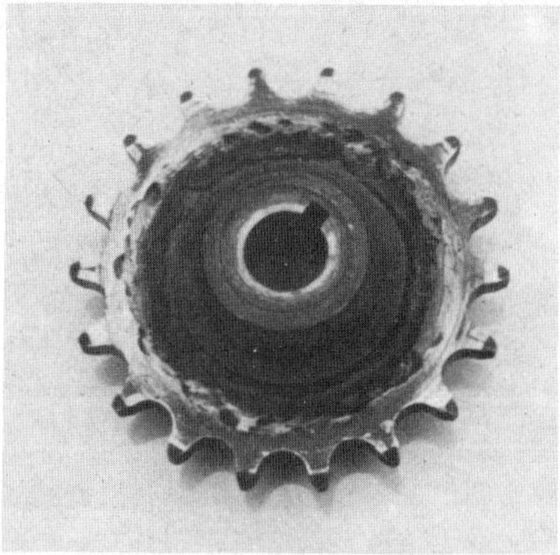

Ein sauber geschweißtes Ritzel kann ein sehr guter Ersatz sein

Man wird nur selten das Glück haben, daß die beiden Kettenräder oder die Kette eines Veteranen noch brauchbar sind. Meist sind alle drei Teile erneuerungsbedürftig. Daß man auf Kettenräder mit „Haifischzähnen" keine neue Kette legt und auf neue Räder keine gebrauchte Kette, dürfte bekannt sein.

War die Suche nach den benötigten Kettenrädern auf Teilemärkten und bei Firmen, die mit Veteranenteilen handeln, vergeblich, so bleibt nichts anderes übrig, als sich neue anfertigen zu lassen. Gott sei Dank gibt es Firmen, die so etwas überhaupt machen. Zur Herstellung eines Ritzels wird ein Rohling entsprechend bearbeitet und die (meist konische) Bohrung geschliffen. Nur muß man damit rechnen, daß eine solche Spezialanfertigung eines Ritzels leicht über 100,– DM kostet. Das ist viel für so ein kleines Teil, aber das Restaurieren eines Veteranen ist eben nicht billig. Es ist schließlich immer noch besser, 100 Mark zu zahlen, als das benötigte Teil gar nicht zu bekommen.

Man kann billiger davonkommen, wenn man das alte Ritzel bis zur Nabe hin abdreht und dann einen passenden Rohling aufschweißt. Diese Arbeit erfordert höchste Präzision, um Höhen- oder Seitenschlag zu vermeiden. Anschließend muß das Ritzel natürlich wieder gehärtet werden. Wenn diese Arbeiten sauber ausgeführt werden, kann man zu einem brauchbaren Ritzel kommen.

Eine passende Antriebskette zu bekommen, dürfte im allgemeinen keine Schwierigkeiten bereiten, da es diese in den verschiedensten Dimensionen als Meterware gibt.

Man mißt die alte Kette genau aus und kann sich dann mit den ermittelten

Daten eine entsprechende neue besorgen.
Hier noch einiges zu den Kettenmaßen:
Die Maßangaben erfolgen bei Ketten stets in Zoll (1 Zoll = 25,4 mm). Da man selbst wohl in Millimetern mißt, muß man entsprechend umrechnen.
Die Dimension einer Kette wird von drei Maßen bestimmt:
a) Rollendurchmesser
b) Rollenbreite
c) Kettenteilung (= Abstand von Bolzen zu Bolzen).

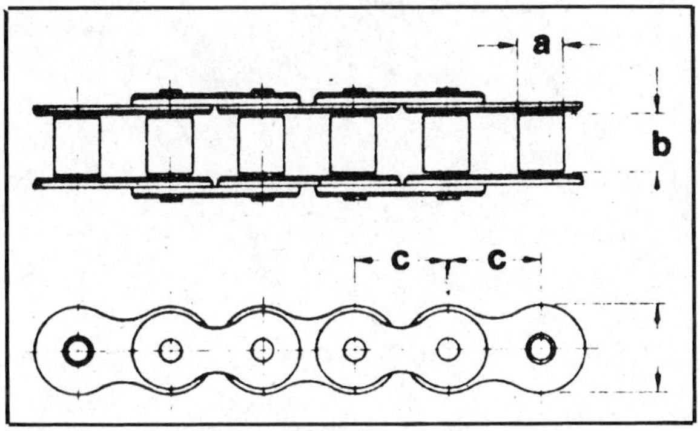

Bei einer Kettenbezeichnung von z. B. 1/2 × 5/16 bedeutet der erste Wert stets die Kettenteilung, der zweite die Rollenbreite.
Benötigen Sie aber eine Kette mit ganz und gar ungebräuchlichen Abmessungen, so bleibt Ihnen nur die teuere Einzelanfertigung, vorausgesetzt man findet jemanden, der einem so etwas anfertigt.
Müssen aber sowieso beide Kettenräder neu angefertigt werden, so sollte man diese gleich mit einer Teilung herstellen lassen, für die es passende Ketten gibt. Man kann auf diese Art und Weise einiges an Kosten sparen

Ein zweifacher Kettenantrieb findet sich bei dieser 98er Wanderer; links für den Motor- und rechts für den Tretantrieb

und hat den Vorteil, daß man später eine erneut verschlissene Kette leichter ersetzen kann. Bei der Montage der Kette ist stets darauf zu achten, daß der geschlossene Teil der Kettenschloßfeder in Laufrichtung zeigt, damit die Feder nicht bei etwaigem Streifen der Kette am Kettenschutz abgerissen werden kann.
Wird die Kette später regelmäßig gewartet, das heißt in Benzin ausgewaschen und anschließend in Kettenfett gekocht, so dürften Kette und Kettenräder an einem Veteran, der nicht tagtäglich gefahren wird, praktisch „ewig“ halten.

WELLENANTRIEB

Der Wellenantrieb stellt wohl von allen Antriebsarten die aufwendigste dar, obwohl er bei Maschinen ohne Hinterradfederung ja noch ziemlich einfach aufgebaut ist. Gegenüber dem Kettenantrieb besitzt er außer größerer Haltbarkeit (da er weder Schmutz noch Regen ausgesetzt ist) den Vorteil, nicht so anspruchsvoll hinsichtlich der Wartung zu sein. Wie aber

Wellenantrieb bei BMW

alles, so hat auch der Wellenantrieb seine zwei Seiten, d. h. daß er auch Nachteile besitzt. Zum einen hat er ein höheres Gewicht, zum anderen sind die Leistungsverluste in der Kraftübertragung gegenüber einer gut geschmierten Kette etwas größer. Aber diese Gesichtspunkte spielen ja bei einem Veteranenfahrzeug keine Rolle, wo es in erster Linie auf Haltbarkeit und nicht auf Spitzenleistung oder Höchstgeschwindigkeit ankommt. Der Winkeltrieb, den man bei einem Veteranen vorfindet, ist oft noch brauchbar, so daß an und für sich nur die Lagerung und die Wellenabdichtung, die in aller Regel aus Filz oder Leder bestand, erneuert werden

müssen. Es ist ratsam, auf moderne Simmeringe umzubauen, wobei dann eventuell eine Änderung des Gehäuses notwendig wird.
Aber auch wenn der Winkeltrieb nicht mehr zu gebrauchen ist, so muß man nicht gleich verzweifeln. Es gibt auch hier Firmen, die so etwas anfertigen können. Über den Preis darf man sich dabei allerdings nicht wundern.

6.0 Erneuerung der Lackierung

Bisher haben wir uns mit der Instandsetzung von Motor, Getriebe, Hinterradantrieb usw. beschäftigt, also mit der Überholung in rein mechanischer Hinsicht. Da aber unser Veteran nicht nur von der Mechanik her gesund sein soll, sondern auch sein äußeres Erscheinungsbild nicht vermuten lassen soll, daß es sich um ein vierzig oder fünfzig Jahre altes Fahrzeug handelt, muß auch soweit nötig neu lackiert werden. Mit der Lackierung hält man sich natürlich soweit wie möglich an die einstige Originallackierung. Ein Fahrzeug, das seinerzeit z. B. schwarz lackiert war, darf nun nicht, weil es dem heutigen Besitzer vielleicht besser gefällt, rot lakkiert werden. Denn das wäre ein grober Verstoß gegen die Regeln des Restaurierens, und an einer derart verunstalteten Maschine hat kein echter Veteranenfreund Interesse.
Läßt sich nicht mehr herausfinden, wie der Veteran, den man restaurieren will, einst lackiert war, weil einem Vorbesitzer die Farbe seiner Maschine nicht gefallen hat und er sie deshalb mit einem anderen Farbton versah, so sehe man sich mal in Museen oder auf Rallyes um. Meist kommt aber der Originalton zum Vorschein, wenn man ein wenig kratzt, denn fast immer wurde einfach über den alten Lack gestrichen.
Außerdem wird einem die Suche nach der richtigen Farbe dadurch erleichtert, daß es früher eine Ausnahme darstellte, wenn ein Motorrad nicht schwarz lackiert war.
Wenn man also einen Veteran erworben hat, der nicht schwarz ist, so sollte man sich auf alle Fälle vergewissern, ob es sich um den Originalfarbton handelt.
Ist die erworbene Maschine hingegen schwarz, so kann man ziemlich sicher sein, daß es sich um die serienmäßige Farbe handelt. Ein Motorrad, das seinerzeit z. B. rot war, wird kaum jemand nachträglich schwarz lakkiert haben.
Nun noch etwas zum Kauf von Lack und Grundierung. Es ist ratsam, hier nicht zu sparsam zu sein. Es lohnt sich schon, Qualität zu kaufen (obwohl

der teuerste Lack auch nicht immer der beste sein muß).
Vor dem Kauf sollte man sich Grundkenntnisse über die drei gebräuchlichsten Lackarten, die heute dem Selbermacher angeboten werden, aneignen.
Es handelt sich dabei um den Nitro-Kombi-Lack, den Kunstharz-Lack und den Acryl-Lack.
Nitro-Lack hat den Vorteil schneller Trocknung und guter Polierfähigkeit, er erfordert aber sehr viel Pflege, da er wenig wetterbeständig ist und schnell seinen Glanz verliert. Der Kunstharzlack verbindet hohen Glanz mit hoher Wetterbeständigkeit und besitzt gute Füllkraft. Läßt man mit Kunstharz lackierte Teile lediglich an der Luft trocknen und den Lack nicht einbrennen, so muß man eine lange Trockenzeit einkalkulieren; polierfähig ist der Lack erst nach Monaten. Der Acryl-Lack setzt seinem einzigen Nachteil geringer Füllkraft sehr viele Vorteile entgegen: schnelle Trocknung, sehr gute Polierfähigkeit (schon nach einem Tag), harte Oberfläche und hohe Wetterbeständigkeit. Deshalb dürfte dieser Lack für den, der selber lackieren will und keine Möglichkeit hat, die lackierten Teile in den Brennofen zu tun, die optimale Entscheidung sein.
Beim Lackieren ist zu beachten, daß man die verschiedenen Lackarten nicht untereinander mischen bzw. nicht übereinander sprühen darf.
Wird Nitro- oder Acryl-Lack auf luftgetrockneten Kunstharz-Lack gesprüht, so löst sich dieser wieder auf und die ganze Mühe war umsonst. Wenn man sich also nicht sicher ist, frage man in einem Fachgeschäft nach. Das auch deshalb, weil zu den verschiedenen Lackarten die passende Grundierung bzw. der passende Spachtel verwendet werden müssen.

6.1. Entrosten

Um die alte Farbe zu entfernen, gibt es verschiedene Möglichkeiten. Man kann sie mit einer rotierenden Gummischeibe und Schleifpapier entfernen. Das ist aber eine sehr mühselige Arbeit, ganz abgesehen davon, daß man auf diese Art und Weise nicht alle Stellen erreichen kann. Besser ist es da schon, die alte Farbe durch Abbrennen zu entfernen, wobei eventuell vorhandener Rost nicht mit beseitigt werden kann. Oft wird man allerdings vergeblich versuchen, den alten Lack so zu entfernen. Denn bei einem Motorrad, das vor einigen Jahrzehnten gebaut worden ist, hatte der Lack genügend Zeit, um auszuhärten, so daß er allen Bemühungen, ihn zu entfernen, heftigen Widerstand entgegensetzt.
Die einfachste und gründlichste Methode, sämtliche Teile lack- und rost-

frei zu bekommen, ist das Sandstrahlen. Eine weniger aggressive Angelegenheit ist das Glasstrahlen, hier wird anstelle von Sand mit feinen Glaspartikeln gestrahlt. Das Glasstrahlen empfiehlt sich besonders dann, wenn lediglich alte Farbe entfernt werden soll. Auch für das Strahlen von Aluminiumgehäusen ist Glas besser geeignet, da das Material nicht so stark wie vom Sand angegriffen wird. Sandstrahlen sollte man nur bei rostigen Teilen anwenden.
Auf der anderen Seite wird man oft niemanden finden, der einem seine Motorradteile glasstrahlt, so daß man in aller Regel doch auf das Sandstrahlen zurückgreifen muß. Selbst hierbei wird man unter Umständen lange nach einem Betrieb suchen müssen, der bereit ist, die Arbeit zu übernehmen.
Ob nun Glas- oder Sandstrahlen, bevor die Teile weggegeben werden können, müssen Stellen, die den Kontakt mit dem Strahlmittel nicht unbeschadet überstehen würden, abgedeckt werden. Es gilt hier das Gleiche, was bereits beim Sandstrahlen des Motorgehäuses beschrieben wurde: Bohrungen werden mit Stopfen verschlossen, und in Gewinde werden alte Schrauben gedreht. Besonders ist beim Rahmen darauf zu achten, daß das Typenschild gut geschützt ist, andernfalls bleibt davon nach dem Sandstrahlen nicht mehr viel übrig. Vielleicht entfernt man es auch vor dem Strahlen.
Von den Teilen, die man zum Strahlen weggibt, macht man sich eine genaue Aufstellung, um beim Abholen überprüfen zu können, ob alles vollzählig ist. Denn es wäre ja sehr ärgerlich, wenn man später beim Zusammenbauen feststellen muß, daß einem irgendein kleines, aber wichtiges Teil fehlt. Wenn man Pech hat und es beim Sandstrahler auch nicht mehr zu finden ist, geht wieder die zeitraubende Suche nach einem passenden Teil los. Vorherige Kontrolle ist also in jedem Fall besser.
Nun noch etwas zu den sogenannten Rostumwandlern. Es sind da die verschiedensten Mittel auf dem Markt, zu denen ihre Hersteller die größten Versprechen machen, die dann aber in vielen Fällen nicht zutreffen. Für oberflächlichen Rost mögen die Rostumwandler noch brauchbar sein; wenn aber, wie das bei Veteranen häufig der Fall ist, die Verrostungen größere Ausmaße angenommen haben, kann man mit Rostumwandlern nichts mehr ausrichten. Es bleibt dann wirklich nur noch das Sandstrahlen, bei dem man noch den Vorteil hat, daheim keine Schmutzerei zu haben.

6.2. Grundieren, Spachteln

Nachdem die zu lackierenden Teile sandgestrahlt sind, müssen sie sofort grundiert werden, um zu verhindern, daß sich wieder Rost ansetzen kann. Man kann diese Arbeit ebenso wie das anschließende Lackieren einem Lackierer übertragen. Nur wird die Angelegenheit, wenn man dem Lackierer sämtliche Arbeiten überläßt, den Geldbeutel ganz schön strapazieren. Zudem wird man dann u. U. sehr lange warten müssen, bis man die fertig lackierten Teile abholen kann.

Umfangreichere Instandsetzungsarbeiten erfordert dieser Werkzeugkasten, der anscheinend zwischenzeitlich einer Maus als Behausung gedient hat

Man sollte daher zumindest die Vorarbeiten selbst ausführen, so daß der Lackierer praktisch nur noch den Lack aufbringen muß. Nachdem der alte Lack und Rost entfernt sind, werden alle Teile grundiert. Man nimmt hierzu am besten Grundierung aus der Sprühdose, weil es sich dabei meines Erachtens um die sauberste Methode handelt. Man kann natürlich auch mit der Spritzpistole arbeiten, was sich aber wirklich nur lohnt, wenn man alle Gegenstände auf einmal grundieren kann, was aber oft am Platzmangel scheitert, wenn man alle Teile gleichzeitig zum Trocknen aufhängen will. Muß man in mehreren Schüben grundieren, müßte jedesmal die Spritzpistole gereinigt werden. Das Arbeiten mit Sprühdosen ist zwar im Endeffekt teurer, selbst wenn man den Anschaffungspreis der Spritzpistole berücksichtigt. Dafür entfällt aber eben das Reinigen nach jedem Arbeitsgang.
Nach dem Trocknen der Grundierung – in der Regel schon nach 1–2 Stunden – werden die Teile auf Rostnarben und Beulen inspiziert. Sollten nach dem Entfernen des Rostes nur noch Löcher übriggeblieben sein, so werden diese zugelötet. Die Teile werden an solchen Stelle natürlich noch nicht grundiert, sondern nur so weit, daß die Hitze beim Löten die Grundierung nicht verbrennen kann.
Bei größeren Löchern in den Schutzblechen z. B. wird zunächst von unten ein Blech gegengelötet und von oben dann beigespachtelt und geschlif-

fen. Lötflußmittel muß gut entfernt werden, da Grundierung und Lack sonst nicht halten.
Bei Rostnarben geht man so vor, daß man die entsprechenden Stellen mehrmals, je nach Tiefe der Narben, mit Streichgrundierung streicht. Nach jeder aufgebrachten Schicht muß diese erst trocknen. Ist die Grundierung dick genug aufgetragen, wird soweit geschliffen, bis sich eine gleichmäßig glatte Oberfläche ergibt. Man verwendet zum Schleifen immer feiner werdendes Papier. Der letzte Schliff erfolgt mit 400er oder 600er Naßschleifpapier, um eine einwandfreie Lackoberfläche zu bekommen. Eine Lackfläche ist nämlich immer nur so gut wie ihr Untergrund.

6.3. Lackieren

Wenn sämtliche zu lackierenden Teile soweit vorbereitet sind, daß die Oberfläche der Grundierung wirklich glatt und ohne jegliche Schleifspuren ist, kann der Decklack aufgebracht werden. Man kann dies von einem Lackierer machen lassen, der nun nur noch wenig Arbeit hat, und der derart vorbehandelte Stücke auch wesentlich lieber lackiert.
Mit etwas Geschick und Übung kann man aber auch die Lackierarbeiten selbst ausführen. Man verwendet auch hier am einfachsten Lack aus der Sprühdose. Beachtet man die Verarbeitungshinweise auf der Dose, dürfte man an und für sich keine Schwierigkeiten haben, eine einwandfreie Lackoberfläche zu erzielen. Anfänglich begeht man oft den Fehler, den Lack zu dick aufzutragen, so daß sich Läufer bilden. Sollte das eingetreten sein, so kann man sich meist noch helfen, indem man die überschüssige Farbe mit einem feinen Pinsel vorsichtig aufnimmt. Die noch frische Farbe verläuft in der Regel noch so gut, daß man später davon nichts sieht.
Auf Anhieb wird man wahrscheinlich keine 100%ige Oberfläche erreichen. Man sollte deshalb, bevor man sich an das Lackieren der Maschine macht, an irgendwelchen alten Teilen erst die Eigenschaften des Lacks studieren. Man muß auch beachten, daß sich Lacke verschiedener Herstellerfirmen unterschiedlich verhalten; ein Lack neigt früher zum Laufen als ein anderer.
Wenn man erst einmal etwas Routine im Umgang mit der Sprühdose bekommen hat, ist es kein Problem, selbst Teile wie Schutzbleche und Tank zu lackieren. Ich selbst lackiere meine Maschinen komplett mit Sprühdosen.
Zum Lackieren wird das entsprechende Teil an einem staubfreien Ort so aufgehängt, daß es in einem Arbeitsgang lackiert werden kann. Wenn dies nicht möglich ist, so kann man z. B. beim Schutzblech zuerst nur die

Innenseite lackieren; wenn diese Schicht trocken ist, wird abgeklebt und die Außenseite lackiert.
Manchmal kommt es vor, daß man einen Veteran in noch recht gutem Zustand bekommt, so daß nur einige Stellen im Lack ausgebessert werden müssen. Es erübrigt sich in diesem Fall, die ganze Maschine zu zerlegen und komplett zu lackieren.Man sieht aber möglichst zu, daß die Ausbesserung nicht zu auffällig wird. So wird man z. B. ein komplettes Rahmenrohr von Schweißnaht zu Schweißnaht lackieren, auch wenn dazwischen nur eine kleine Stelle auszubessern war.
Um dem neuen Lack den falschen Glanz zu nehmen, behandelt man ihn nach einigen Tagen Trockenzeit mit Lackpolitur. Denn die Politur bewirkt auf frischem Lack genau das Gegenteil dessen, wofür sie eigentlich gedacht ist: der Lack wird dadurch stumpfer und glanzloser.
Abschließend noch etwas zum Lackieren von Zylindern. Es gibt hierfür speziellen Hitzelack. Ich habe aber die Erfahrung gemacht, daß man hierfür ruhig normalen Lack nehmen kann, der ja auch öl- und benzinfest ist und zudem hinreichend hitzebeständig.
Da man mit dem Pinsel schlecht zwischen die Kühlrippen kommt, benutzt man zum Lackieren ebenfalls Lack aus der Spraydose. Die Farbe gelangt so auch in den entlegensten Winkel.

6.4. Erstellung von Emblemen

Ein Problem ganz besonderer Art, das auf den Gesamteindruck der restaurierten Maschine wesentlichen Einfluß hat, ist die Erstellung von Zierlinien, Firmenzeichen und Schriftzügen auf Tank und Schutzblechen.
Bevor man daran geht, den alten Lack zu entfernen, muß man sich natürlich von eventuell vorhandenen Tankemblemen oder dergleichen Schablonen anfertigen, um diese später wieder originalgetreu erneuern zu können. Bei einfachen Tankabzeichen fertigt man sich aus selbstklebender Folie eine entsprechende Schablone an, die man auf den fertig lakkierten Tank klebt und das Emblem mit einem feinen Pinsel anhand der Schablone aufbringt.
Bei manchen Tankbemalungen handelt es sich schon um richtige Kunstwerke, deren Erneuerung wesentlich schwieriger ist, da man hier nicht mit Schablonen arbeiten kann. Es gehört schon viel Glück dazu, jemanden zu finden, der einem so etwas machen kann. Man macht sich genaue Fotos von dem betreffenden Firmenzeichen und nimmt alle wichtigen Maße ab. Wichtig ist nicht nur die richtige Größe des Abzeichens, sondern auch die richtige Lage auf dem Tank.

Mittels Schablone wurde dieses Tankabzeichen auf den neu lackierten Tank aufgebracht

Vor dem Sandstrahlen werden die Maße sämtlicher Embleme abgenommen

Es gibt auch Firmen, die nach einem Muster bzw. guten Foto diese Embleme auf Klarsichtfolie drucken können, die dann nur noch aufgeklebt zu werden brauchen. Anschließend wird das Ganze mit Klarlack überzogen, damit sich die Ränder nicht lösen können. Eine derartige Anfertigung lohnt sich besonders, wenn mehrere gleiche Folien hergestellt werden. Eine andere Möglichkeit besteht auch darin, von dem noch einigermaßen erkennbaren Firmenzeichen ein Foto zu machen (am besten läßt man das von einem Fotografen machen, da das Negativ so groß wie das Emblem sein sollte), das dann gegebenenfalls retuschiert wird. Von dieser Retusche wird eine Zwischenaufnahme gemacht und dann mit diesem

Negativ eine dünne lichtempfindliche Alufolie belichtet, wobei natürlich die ursprüngliche Größe des Firmenzeichens eingehalten werden muß. Man kann für das gleiche Verfahren als Vorlage z. B. auch ein in einem Prospekt abgedrucktes Firmenzeichen benutzen.
Eine weitere Schwierigkeit bedeutet das Aufbringen von Zierlinien auf Tank und Schutzblechen. Hierzu benötigt man entweder eine sehr ruhige Hand und sehr viel Geschick oder jemanden, der diese beiden Eigenschaften besitzt. Es gibt allerdings auch dünne selbstklebende Zierlinien, mit denen man sich helfen kann.

7.0 Auspuff, Tank, Sattel

7.1. Auspuffanlage

Die Auspuffanlage ist mitbestimmend für die Linienführung der gesamten Maschine. Leider ist sie meist auch das Erste, was durch Rost und Beulen unansehnlich wird. Man findet nur in den seltensten Fällen einen unrestaurierten Veteran, bei dem Krümmer und Schalldämpfer ohne weiteres wiederverwendet werden können.
Beulen im geraden Teil des Rohres kann man mit einem genau passenden Rundstahl oder Rohr heraustreiben. Meist aber sitzen die Beulen in der Krümmung oder im Übergang zur Krümmung. In diesem Fall ist es dann

Derart verbeulte und verrostete Krümmer lassen sich nicht mehr instandsetzen

ziemlich aussichtslos, das Rohr wieder beulenfrei zu bekommen. Man kann zwar versuchen, den geraden Teil des Krümmers abzusägen, die Beulen in der Krümmung kunstvoll herauszutreiben, und dann das gerade Stück wieder anzuschweißen; normalerweise aber wird es besser sein, gleich ein neues Rohr anfertigen zu lassen. Denn ein derart verbeultes Rohr wird auch oft so stark verrostet sein, daß sich ein Verchromen nicht mehr lohnen wird, da nach dem Wegschleifen der Rostnarben die Wandung des Krümmers zu dünn würde.

Einen Auspuffkrümmer wird man kaum selbst anfertigen können, weil derart dünnwandige Rohre bei relativ großem Durchmesser sehr schwer zu biegen sind, besonders wenn sie noch in zwei Ebenen gebogen werden müssen. Glücklicherweise gibt es Firmen, die solche Auspuffrohre nach Muster oder genauer Zeichnung anfertigen können.

Eine sehr aufwendige Auspuffanlage fand sich bei dieser 1000er Royal Enfield

Etwas besser sieht es bei den Schalldämpfern aus, da sie meist noch brauchbar sind.

Bei fehlenden Schalldämpfern muß man sich bemühen, Ersatz zu bekommen, da ihre Anfertigung noch schwieriger ist, insbesondere wenn es sich um „Fischschwanztöpfe" handelt. Aber moderne Schalldämpfer oder Renntüten gehören nicht an einen Veteran.

Beim Zweitakter setzt sich in den Schalldämpfern ein Teil des dem Kraftstoff beigegebenen Öls in Form von Ölkohle ab. Diese wird mittels Lötlampe und Drahtbürste entfernt, da der Motor sonst zu geringe Leistung hat.
Die meisten Schalldämpfer lassen sich zur besseren Reinigung zerlegen; wo dies nicht möglich ist, muß man versuchen, den Dämpfer so gut wie möglich von außen her auszubrennen.
Nach dem Ausbrennen müssen die Auspufftöpfe, sofern sie nicht verchromt waren, lackiert werden. Man benötigt hierfür keinen speziellen Hitzelack. Normaler Lack, mit dem auch die übrige Maschine lackiert wurde, tut es hier voll und ganz. Er ist ausreichend hitzebeständig; der Lack wird durch die Auspuffwärme sogar noch eingebrannt.

7.2. Kraftstoff- und Öltank

Neben der Auspuffanlage bestimmt auch der Kraftstofftank das Gesamtbild eines Motorrades sehr stark. Meist hat auch hier der Zahn der Zeit genagt: Beulen und Rost sind fast schon die Regel. Dabei kann man froh sein, wenn der Kraftstoffbehälter an einem zu restaurierenden Veteran seinerzeit nur lackiert und nicht verchromt oder vernickelt war. In letzterem Fall gestaltet sich die Instandsetzung wesentlich schwieriger, wenn der Tank Beulen aufweist oder zu stark verrostet ist. Dann ist man nämlich gezwungen, sich einen anderen, noch brauchbaren Tank zu besorgen. Kleinste Beulen kann man mit Lot auffüllen.
Bei größeren Beulen kann man sich so helfen, daß man in die nicht sichtbare Unterseite des Tanks ein Loch schneidet, und die Beule von innen herausdrückt.
Ein Tank, der später verchromt werden soll, darf auch nicht zu stark verrostet sein, da das Blech nach dem Schleifen zu dünn werden würde.
Ein Kraftstoffbehälter, der lediglich lackiert war, wird behandelt wie im Abschnitt „Lackieren“ beschrieben.
Weit schwieriger, als den Tank von außen in den Neuzustand zu versetzen, ist es, ihn von innen rostfrei zu bekommen. Ich habe bisher noch keine Maschine in die Hände bekommen, bei der man ohne Bedenken hätte Kraftstoff in den Tank füllen können. Aber wenn man bedenkt, wie lange das Motorrad eventuell schon gestanden hat, seit es das letzte Mal benutzt wurde, ist es klar, daß sich auch hier der Rost breitgemacht hat. Wenn man nicht sorgfältig genug arbeitet und wirklich jeglichen Rost entfernt, wird man später stets Ärger mit verstopftem Kraftstoffhahn und verschmutztem Vergaser haben.

Braun vor Rost war dieser Tank vor dem Restaurieren

Der selbe Tank nach dem Restaurieren

Es gibt verschiedene Methoden, den Rost zu beseitigen. Groben Rost entfernt man durch Schütteln mit Bleikugeln (Luftgewehr-Diabolos). Anschließend folgt die Behandlung mit einem Rostumwandler. Allerdings halte ich persönlich nichts von dieser Methode, weil die meisten Umwandler auf Säurebasis aufgebaut sind, so daß gesundes Metall angegriffen wird.

Besser ist meines Erachtens die Verwendung einer Lösung aus Toilettenreiniger in Wasser. Der Tank wird damit befüllt und einige Tage stehen gelassen. Die Lösung ist sehr aggressiv. Aluminiumteile dürfen nicht damit in Berührung kommen, deshalb müssen Kraftstoffhahn und Tankdeckel durch andere Verschlüsse ersetzt werden. Der Toilettenreiniger wandelt den Rost nicht nur um, sondern löst ihn auf. Man muß den Tank hinterher sehr gut mit Wasser ausspülen. Anschließend befüllt man ihn

Ein kombinierter Kraftstoff-Öl-Tank fand sich bei dieser Einzylinder-Wanderer

mit Kraftstoff (am besten mit Zweitakter-Mischung) und läßt ihn einige Zeit stehen. Beim Ansetzen der Lösung muß man vorsichtig sein, da sie stark ätzend ist.
Der sauberste Weg, den Rost wegzubekommen, wäre natürlich auch hier das Sandstrahlen. Allerdings wird man Schwierigkeiten haben, alle Stellen und Ecken im Tank zu erreichen. Die einzige Möglichkeit ist, den Tank an der Unterseite aufzuschneiden, innen gründlich sandzustrahlen, und ihn dann wieder zuzulöten. Diese Methode ist etwas aufwendig, garantiert aber, daß der Tank absolut rostfrei ist.
Um den Kraftstoffbehälter auch rostfrei zu halten, wird er mit speziellem Tank-Innenlack ausgeschwenkt, so daß die Farbe überall hingelangen kann. Überschüssigen Lack läßt man auslaufen und legt den Tank daraufhin ca. eine halbe Stunde in den Backofen, wo die Farbe bei 200° eingebrannt wird. Mit einem derart behandelten Tank wird man, was den Rost angeht, nie mehr Ärger bekommen, und dafür sollte sich die etwas aufwendige Arbeit eigentlich lohnen.
Mit dem Öltank hat man im allgemeinen weniger Probleme beim Restaurieren. Der Öltank kann entweder mit im Kraftstofftank untergebracht sein oder er ist separat angeordnet. Rost wird man im Innern kaum finden. Sollte das dennoch der Fall sein, so muß er besonders gründlich entfernt werden, denn ein Rostteilchen, das in die Ölversorgung des Motors gelangt, kann dessen „Tod" bedeuten, wenn es sich in einer Ölbohrung festsetzt.
Eventuell notwendige Instandsetzungsarbeiten sind die gleichen wie beim Kraftstofftank.

7.3. Sattel

Diesem Thema wird ein eigener Abschnitt gewidmet, weil hier beim Restaurieren oft gesündigt wird.
Ein nicht „echter" Sattel kann den Gesamteindruck eines noch so gut restaurierten Veteranen stark beeinträchtigen.
Bisweilen findet man an Vorkriegsmotorrädern Sättel, die von Maschinen aus den 50er Jahren stammen. Diese gehören genauso wenig an Veteranenfahrzeuge wie Soziussättel aus dieser Zeit, auch wenn sie vielleicht bequemer sein sollten.
Aber auch wenn der Originalsattel weiterverwendet wurde, findet man die abenteuerlichsten Satteldecken. Man soll sich bei der Neuanfertigung einer Satteldecke soweit wie möglich am Original orientieren.

Nach der alten Satteldecke wurde dieser Sattel original nachgefertigt

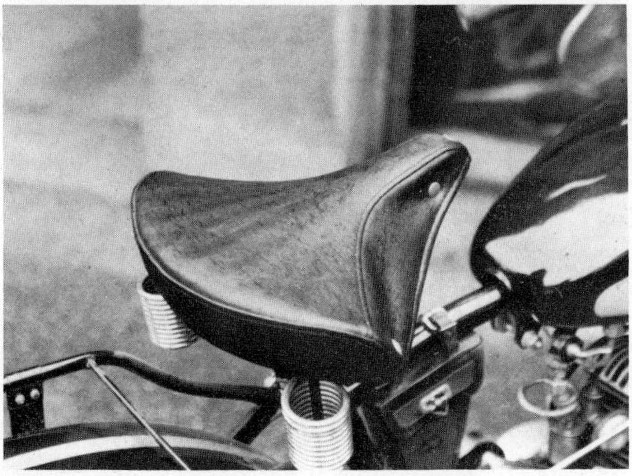

Da die alte Satteldecke nicht mehr vorhanden war, wurde sie anhand von Fotos originalgetreu nachgebildet

Meist ist die alte Satteldecke wenigstens noch soweit erhalten, daß man danach bei einem Autosattler eine neue anfertigen lassen kann. Man muß aber genaue Anweisungen geben, wie man die Decke haben möchte, da der Sattler sich die Arbeit sonst evtl. zu einfach macht; man hat dann zwar eine neue Satteldecke, aber die hat mit der Originaldecke keinerlei Ähnlichkeit.
Ist die alte Satteldecke nicht mehr vorhanden, so wird wieder ein Museumsbesuch fällig, wo man die Decke in allen Einzelheiten fotografiert und sämtliche Maße abnimmt, so daß der Sattler hiernach arbeiten kann. Auch mit dem verwendeten Material halte man sich weitgehend an das Original. Wurde seinerzeit schwarzes Kunstleder bzw. das damals übliche Wachstuch für den Bezug genommen, so ist es Stilbruch, hier z. B. helles Leder zu nehmen.

8.0 Verchromen, Vernickeln

Verchromen oder Vernickeln – das ist oft die Frage. Es herrscht mitunter Unklarheit, bis wann an Motorrädern noch Nickel und ab wann bereits Chrom Verwendung fand. Manchem Restaurator fällt ein Objekt aus den 30er Jahren in die Hände, bei dem die Blankteile teils vernickelt, teils verchromt sind. Genauso kann es vorkommen, daß man an einen Veteran kommt, der in den 20er Jahren gebaut wurde und bei dem die Blankteile trotzdem verchromt sind. Dann steht eindeutig fest, daß die Chromschicht erst nach 1930 aufgebracht worden ist.
Bereits in den Anfängen des Motorradbaus versah man manche Teile mit einem Nickelüberzug. Etwa bis 1930, als man dazu überging, Blankteile mit einer Chromschicht zu versehen, da der Chrom gegenüber dem Nickel den Vorteil hat, nicht so leicht zu oxidieren. Es gab allerdings auch noch nach 1930 Hersteller, die ihre Teile vernickelten.
Man findet, wie oben bereits gesagt, auch Maschinen aus den 30er Jahren, bei denen ein Teil der Blankteile verchromt, andere vernickelt waren. Das läßt sich leicht klären: Einbaumotorenhersteller, Vergaserhersteller sowie die Firma Bosch lieferten ihre Aggregatteile noch längere Zeit in vernickelter Ausführung. Durch die Tatsache bedingt, daß der Fahrzeughersteller seinerseits verchromte Teile einbaute, kam bei einigen Restaurateuren Unsicherheit auf, was original war und was nicht.
Solange noch eindeutig an der zu restaurierenden Maschine zu erkennen ist, was vernickelt und was verchromt war, hält man sich beim Restaurieren daran. Ist es aber nicht mehr festzustellen, so begeht man keinen Stilbruch, wenn man bei Veteranen vor 1930 generell vernickelt und nach 1930 verchromt.
Hat ein Vorbesitzer der Maschine im Original lackierte Teile verchromen oder vernickeln lassen, so werden diese selbstverständlich nicht wieder mit einem galvanischen Überzug versehen, sondern – um bei der Originaltreue zu bleiben – lackiert.
Was ist aber nun zu tun, um eine neue Chrom- bzw. Nickelschicht auf die

Teile zu bekommen?
Entweder man bearbeitet die entsprechenden Teile nur grob vor und überläßt dem galvanischen Betrieb die Hauptarbeit, oder man erledigt alle Vorarbeiten selbst, so daß der Galvaniseur die Teile nur noch ins Bad zu hängen braucht. Die letztere Methode hat den Vorteil, daß sie sehr kostensparend ist, was aber natürlich zu Lasten des eigenen Arbeitsaufwands geht. Das eigentliche Problem ist aber in beiden Fällen, überhaupt jemanden zu finden, der bereit ist, die verschiedenen Motorradteile zu verchromen. Es werden viel lieber 1000 oder 2000 gleiche Stücke bearbeitet als die diversen einzelnen Teile, die bei einem Motorrad vorkommen. Man muß schon einiges an Überredungskunst aufwenden, damit die gewünschten Arbeiten übernommen werden. Ausgeführt werden sie dann irgendwann mal nebenher. Geduld ist also auch hier angebracht. Schneller geht es, wenn man die Vorarbeiten selbst ausführt. Zunächst müssen die alten Chrom- und Nickelüberzüge entfernt werden. Das läßt man am einfachsten in einem galvanischen Betrieb machen, wo die Überzüge mühelos in einem Bad entfernt werden, und da diese Arbeiten dort meist prompt und auch preiswert ausgeführt werden, würde es sich kaum lohnen, selbst von Hand alles herunterzuschleifen. Dann werden die Stücke wieder abgeholt und gründlich nachgearbeitet. Dazu gehört das Herausschleifen von Rostnarben und Kratzern, das Richten, Ausbeulen, Nachfeilen von Sechskanten usw. Anschließend werden alle Flächen, die Hochglanz erhalten sollen, so glatt und sauber geschliffen wie es überhaupt nur geht. Mit Fächerschleifern und Schmirgelleinen auf Gummischeiben, die in die Bohrmaschine gespannt werden, lassen sich sehr gute Oberflächen erzielen. Je mehr Zeit und Mühe man hier investiert, desto besser wird später die Oberfläche des galvanischen Überzugs. Und da das Schleifen das Teuerste beim Vernickeln oder Verchromen ist, spart man eine Menge Geld, wenn der Galvanik-Betrieb die Teile nur noch zu entfetten braucht und dann in das Bad einhängen kann.
Bisweilen sind Teile so stark verrostet, daß nach dem Wegschleifen sämtlicher Rostnarben das Material zu sehr geschwächt würde. Hier kann einem der Galvaniseur insofern helfen, als zunächst eine entsprechend dicke Kupferschicht aufgebracht wird, mit der die Rostnarben gefüllt werden, anschließend folgen dann Nickel- und Chromschicht.
Die Gewinde von Schrauben und Muttern werden vor dem Vernickeln bzw. Verchromen mit einem speziellen Lack bestrichen, damit sich die Gewindegänge nicht zusetzen. Diesen Lack bekommt man in dem Galvanik-Betrieb, zu dem man seine Teile gibt.
Nun noch etwas zum Verchromen der Auspuffanlage. Der Galvaniseur ist meist nicht bereit, gebrauchte Auspuffrohre und Schalldämpfer anzunehmen aus Angst um die Sauberkeit seiner Bäder, die insbesondere durch

Noch mehr Chromteile befinden sich an dieser 600er Tornax

Selbst an einer einfachen Maschine können derart viele Teile zusammenkommen, die verchromt werden müssen

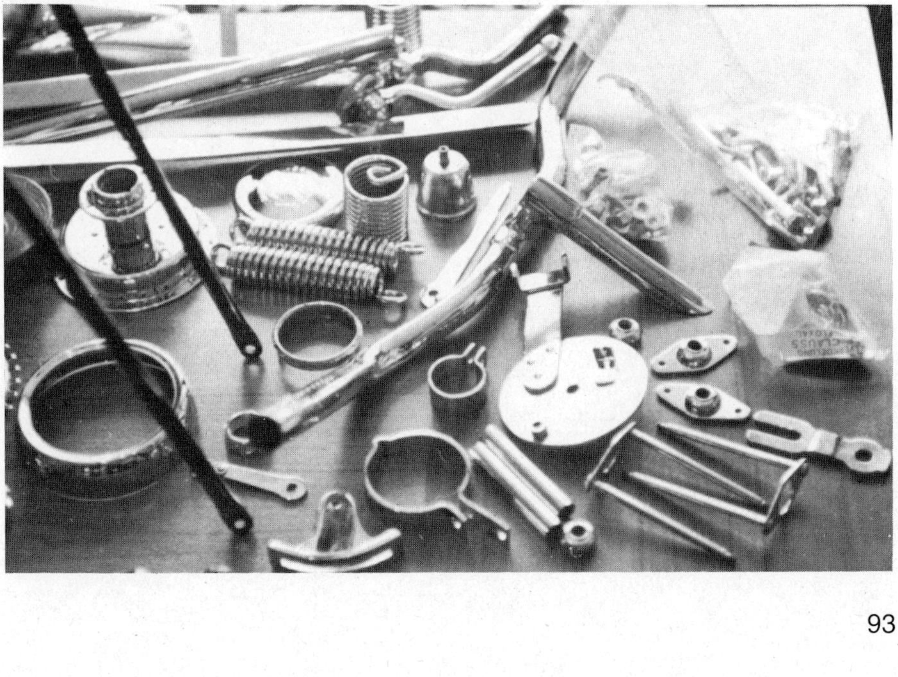

die Ölkohle von Zweitakt-Anlagen verunreinigt werden könnten. Bedenken in dieser Richtung kann man dadurch ausräumen, daß man in die Rohre passende Stopfen schlägt oder Verschlußbleche provisorisch weich auflötet.
Bevor man die Teile zum Galvaniseur gibt, macht man sich ebenso wie beim Sandstrahlen eine Liste aller Teile, um kontrollieren zu können, ob auch alles wieder zurückgekommen ist.
Wenn man die fertigen Teile dann beim Galvanik-Betrieb abholt, darf man sich nicht über den Preis wundern. Einige hundert Mark sind da leicht fällig. Aber wie bereits gesagt, das Restaurieren eines Veteranen ist nicht gerade billig, wobei das Galvanisieren mit den größten Unkostenanteil stellt.

9.0 Elektrik

Nun kommen wir zu einem Gebiet, vor dem die meisten Restaurateure sehr viel Respekt haben, und an das sie sich nur mit einem unguten Gefühl heranmachen. Zum Teil lassen selbst erfahrene Veteranenfreunde die Finger von der Elektrik, obwohl sie sonst alle Arbeiten selbst ausführen. Die elektrische Anlage ihres Veteranen erscheint vielen wie ein Buch mit sieben Siegeln. Jemand, der von dieser Materie etwas versteht, ist deshalb auch viel gefragt und beschäftigt.

Woher kommt nun diese Antipathie gegen alles, was Elektrik heißt? Vermutlich liegt es daran, daß man hier nicht auf Anhieb erkennen kann, was defekt ist, wenn z. B. die Zündung aussetzt. Bei mechanischen Fehlern ist das nun mal leichter möglich.

Um sich näher mit der Materie vertraut zu machen, besorge man sich einschlägige Literatur über dieses Gebiet. Es sollen hier nur die Probleme angesprochen werden, die beim Restaurieren auftreten, wobei gewisse Grundkenntnisse vorausgesetzt werden. Wenn man sich diese Grundkenntnisse aber einmal angeeignet hat, wird man feststellen, daß die Instandsetzung der elektrischen Anlage auch nicht schwieriger ist als z. B. die des Motors. Andererseits kann nachlässige Arbeit bei der Überholung in diesem Teil später zu Ausfällen führen.

Aber keine Angst, das im nachfolgenden Gesagte ist nicht nur von Ingenieuren zu verstehen, sondern, so hoffe ich, allgemein verständlich.

Aus der Tatsache, daß viele mit der Elektrik auf „Kriegsfuß“ stehen, resultiert dann auch eine zum Teil recht abenteuerliche Verlegung der Leitungen.

Farbige Leitungen werden in schwarzen Kabelhüllen verlegt, die man mit jedem Durchmesser kaufen kann, und die die Leitungen zudem noch schützen.

Ebensowenig gehören an einen Veteran durchsichtige Zündkabel, die gab es damals nicht. Auch sollten die Kerzenstecker nicht zu modern sein. Wollen Sie mit Ihrem Motorrad am öffentlichen Straßenverkehr teil-

Zündkabel und Kerzenstecker sind zu modern

Die Verkabelung ist nicht sehr ordentlich ausgeführt

nehmen, so müssen Sie zwar einen entstörten Kerzenstecker verwenden, aber es gibt auch hier Ausführungen, die nicht zu auffällig sind.

9.1. Zündung

Wir wollen uns hier nur mit den beiden gebräuchlichsten Zündungsarten befassen, der Magnetzündung und der Batteriezündung.
In den Anfängen des Motorbaus hatte man zum Teil recht abenteuerliche Methoden, um das Kraftstoff/Luft-Gemisch zu entzünden. Erwähnt sei hier als Beispiel die Niederspannungszündung. Die Unterbrecherkontakte saßen hier direkt im Verbrennungsraum, und die Zündung erfolgte

durch den Abreißfunken der sich öffnenden Kontakte. Daß derartige Konstruktionen keine allzu große Zuverlässigkeit und Haltbarkeit besaßen, dürfte klar sein. Es hat sich deshalb die Hochspannungszündung mittels Zündkerze durchgesetzt. Magnet- und Batteriezündung haben sich im Prinzip bis heute gehalten. Lediglich die Unterbrecherkontakte, die anfälligsten Teile einer Zündanlage, werden heutzutage von immer mehr Herstellern durch elektronische Schaltungen bzw. Halbleiter-Bauteile ersetzt.

9.1.1. BATTERIEZÜNDUNG

Bei der Batteriezündung wird zur Erzeugung des Zündfunkens bzw. der dazu erforderlichen Hochspannung Gleichstrom verwendet. Dieser wird beim Starten und bei niedriger Motordrehzahl von der Batterie, bei höherer Drehzahl von der Gleichstromlichtmaschine geliefert.
Zur Batteriezündanlage gehören Stromquelle (Batterie bzw. Lichtmaschine), Zündspule und Unterbrecher mit Kondensator. Die Zündspule besteht aus zwei getrennten Wicklungen auf einem Eisenkern; die eine Wicklung aus relativ wenigen Windungen dicken Drahtes (Primär- oder Niederspannungswicklung), die andere aus sehr vielen Windungen dünnen Drahtes (Sekundär- oder Hochspannungswicklung).
Der Strom fließt nun über die Unterbrecherkontakte durch die Niederspannungswicklung. Bei jedem Öffnen der Kontakte, die wie ein Schalter wirken, wird in der Hochspannungswicklung ein Spannungsstoß induziert. Diese (sehr hohe) Spannung läßt zwischen den Elektroden der

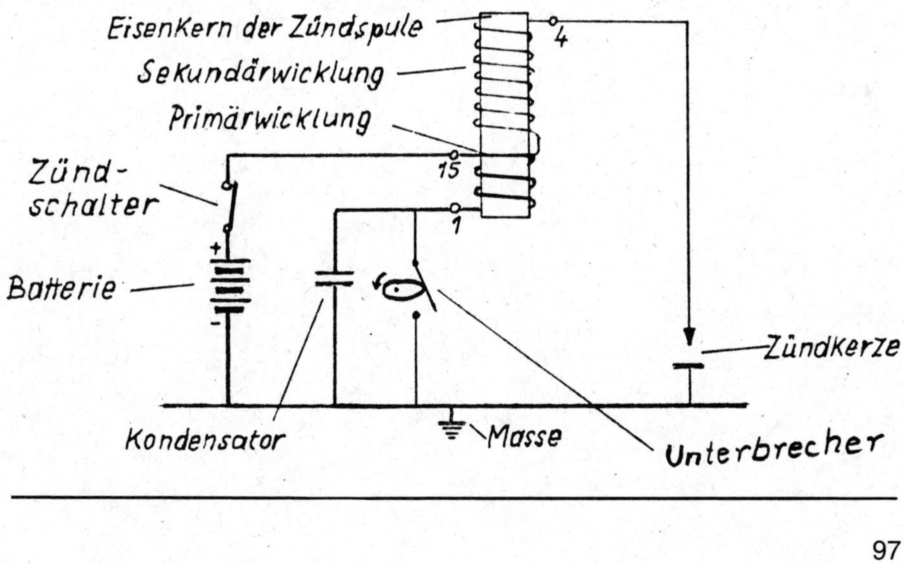

Kerze einen Funken überspringen, der das Kraftstoff/Luft-Gemisch entzündet.
Das Öffnen der Kontakte durch den Unterbrechernocken bzw. der hohe Spannungsstoß an der Zündkerze erfolgt kurz vor dem oberen Totpunkt des Kolbens gegen Ende des Verdichtungs-Hubs.
Wird ein Stromkreis plötzlich unterbrochen, so tritt am Schalter ein Öffnungsfunke auf. Geschieht das Öffnen wie bei den Unterbrecherkontakten sehr häufig, so würden diese in kurzer Zeit verschmoren. Deshalb wird den Kontakten ein Kondensator parallel geschaltet, der den Öffnungsfunken quasi „schluckt".
Dem Verschleiß bzw. der Alterung unterliegen praktisch alle Teile einer Zündanlage.
Der Bleiakkumulator, der als Gleichstromlieferant dient, hat nur eine sehr beschränkte Lebensdauer; schon nach zwei Jahren kann seine Kapazität so weit abgenommen haben, daß eine Neuanschaffung nötig wird. Die Batterie ist zudem beim Motorrad größeren Erschütterungen ausgesetzt als z. B. beim Auto, so daß die Lebensdauer u. U. noch kürzer ist als die einer Autobatterie. Die Beschaffung einer neuen Batterie stellt kein Problem dar, man kann sie mit verschiedenen Kapazitäten vom Batterienhersteller bekommen. Allerdings nimmt man keine moderne Batterie mit Klarsichtgehäuse, die gehört einfach nicht an ein Veteranenfahrzeug. Man kann Batterien, wie sie vor vierzig Jahren gebaut wurden, heute noch kaufen; sie stehen im Lieferprogramm der Batterienhersteller.
Die Zündspule ist zwar keinem direkten Verschleiß ausgesetzt, aber auch sie kann Anlaß zu altersbedingten Störungen geben. Bei älteren Spulen kommt es häufiger zu Windungsschlüssen, sobald die Wicklungen warm werden. Der Zündfunke ist dann nur schwach oder fehlt ganz. Kann man sich die Zündspule nicht neu wickeln lassen, bleibt nur der Ersatz durch eine neue. In der Regel wird man kaum eine Originalzündspule bekommen können. Es tut aber auch jede andere Zündspule, solange sie für 6 Volt ausgelegt ist. Bevor man aber eine andere Spule einbaut, sollte man diese erst nur provisorisch anschließen und überprüfen, ob dann ein Funke vorhanden ist. denn sonst hat man mit einiger Mühe eine neue Zündspule installiert, und der Zündfunke bleibt dann trotzdem aus, weil vielleicht nur der Kondensator defekt ist.
Sollte die Zündspule aber wirklich nicht mehr intakt sein, und wird eine neue fällig, so läßt sich diese wegen anderer Abmessungen eventuell nicht an der gleichen Stelle unterbringen wie die Original-Spule. Man hängt die neue Zündspule dann aber nicht irgendwo an den Rahmen, so daß jeder Veteranen-Kenner auf Anhieb erkennt, daß sie nicht original ist. Meist läßt sich eine nachträglich anzubauende Zündspule im Werkzeugkasten oder unter dem Tank so geschickt „verstecken", daß niemandem

Bei den DKW SB-Modellen waren Zündschloß, Zündspule, Regler und Schalter in einem Kasten untergebracht. Da bei der abgebildeten Maschine die Originalzündspule defekt war, wurde sie durch eine moderne im Werkzeugkasten ersetzt. Bei geschlossenem Spulenkasten und geschlossenem Werkzeugkasten ist von dem Umbau nichts mehr zu bemerken.

auffällt, daß hier nachträglich umgebaut wurde. Natürlich müssen auch die zur Zündspule gehenden Kabel entsprechend getarnt verlegt werden. Die alte Zündspule wird dann gegebenenfalls noch als Attrappe montiert.
Nun noch etwas zur Bezeichnung der Anschlüsse einer Zündspule.
An der Zündspule befinden sich drei Anschlüsse, die heute mit „1“, „15“ und „4“ bezeichnet sind. Manchmal findet man auch anstelle der „15“ ein „+“, dieser Anschluß wird mit dem Pluspol der Batterie, d. h. über den Umweg des Zündschlosses, verbunden. Der Anschluß „1“, mitunter auch mit „—“ bezeichnet, wird mit dem Unterbrecher verbunden. Der Anschluß „4“ stellt schließlich den Hochspannungsanschluß zur Zündkerze dar.
Ebenso wie eine defekte Zündspule kann auch ein schadhafter Kondensator die Bildung des Zündfunkens verhindern. Hat der Kondensator einen Kurzschluß, so werden die Unterbrecherkontakte ständig überbrückt, so daß kein Spannungsstoß in der Zündspule induziert wird und sich somit auch kein Zündfunke bilden kann. Bei einer Unterbrechung des Kondensators kann dieser verständlicherweise seiner Aufgabe, den Öffnungsfunken an den Unterbrecherkontakten zu löschen, nicht mehr nachkommen, was zu erhöhtem Verschleiß der Unterbrecherkontakte führt.
Neue Kondensatoren gibt es bei Elektrodiensten in verschiedenen Abmessungen bzw. Kapazitäts-Werten.
Aber auch bei einwandfreiem Kondensator nützen sich die Unterbrecherkontakte allmählich ab. Sind die Stirnflächen der Kontakte nicht mehr eben, so hebt man den beweglichen Kontakt von Hand ab und glättet die Kontaktflächen mit einer sogenannten Kontaktfeile. Das ist eine sehr feingezahnte, dünne Feile.
Besser als das Nachfeilen der Kontaktflächen ist aber der Einbau neuer Unterbrecherkontakte, besonders wenn die alten schon zu stark abgenutzt sind. Hat man Glück, bekommt man noch passende Kontakte. Ist man aber kein Glückspilz, so muß man sich anderweitig helfen. Da die

Unterbrecher einer DKW-SB.

Kontaktflächen oft nur in den Unterbrecherhebel bzw. -amboß eingenietet sind, lassen sich diese durch Kontaktflächen anderer Unterbrecherkontakte ersetzen, indem man sie aus irgendeinem anderen Paar Kontakte entfernt und in das eigene Paar Kontakte wieder weich einlötet. So erhält man praktisch wieder neuwertige Unterbrecherkontakte. Bei anderen Bauarten ist der feststehende Kontakt nur eingeschraubt; man kann dann den Kontakt am Unterbrecherhebel ebenfalls durch einen neuen Schraubkontakt ersetzen.

Das letzte Glied in der Zündungskette stellt die Zündkerze dar.

Es wurden seinerzeit hauptsächlich zwei Typen von Zündkerzen verwendet, mit 18 mm, später mit 14 mm-Gewinde, die beide heute noch ohne weiteres zu bekommen sind. Man muß hierbei nur auf den richtigen Wärmewert achten.

Je höher der Wärmewert einer Kerze ist, desto stärkere Erhitzung kann sie aushalten. Doch darf man auch nie Kerzen mit zu hohem Wärmewert verwenden. Sonst verbrennt das gegen sie spritzende Öl nicht oder nur unvollständig, und die Öl- und Rußansätze verbinden schließlich Mittel- und Außenelektrode miteinander. Der Zündstrom kann dann abfließen ohne als Funke überspringen zu müssen. Derartig verschmutzte Kerzen reinigt man mit der Bürste oder mit dem Sandstrahlgebläse.

Kerzen mit zu niedrigem Wärmewert verbrennen und verursachen Glühzündungen. Eine solche Kerze ist mit kleinen Schmelzperlen bedeckt und darf nicht weiterverwendet werden. Denn an ihrer glühenden Oberfläche entzündet sich das Kraftstoff/Luft-Gemisch, schon bevor der Zündfunke überspringt. Diese vorzeitigen Zündungen sind die Ursache des „Glühzündungsklopfens“, das die Leistung des Motors beeinträchtigt und die Lager stark beansprucht.

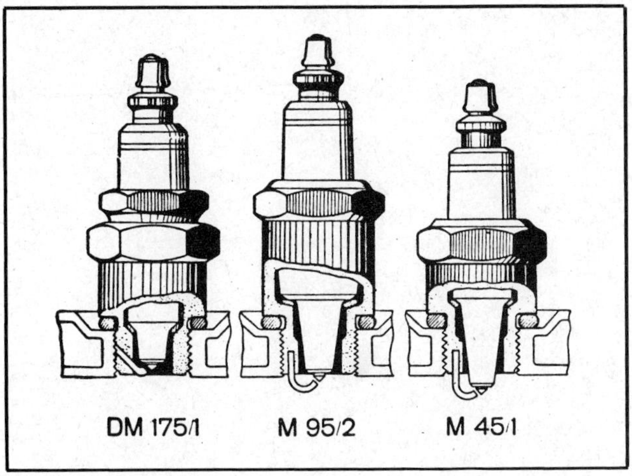

Zündkerzen mit verschiedenen Wärmewerten

Das Kerzengesicht der richtig arbeitenden Zündkerze zeigt einen gleichmäßig rehbraun bis graugelblich gefärbten Isolatorfuß und graue Elektroden. Nach längerer Laufzeit kann der den Brenngasen unmittelbar ausgesetzte Gewindeteil mit einer dünnen, unschädlichen Rußschicht überzogen sein.

Ist der Wärmewert der Kerze für einen Motor nicht bekannt, so versucht man es zunächst mit einem mittleren Wärmewert (145–175). Man schraubt dann die Zündkerze nach einigen Kilometern Fahrstrecke heraus und

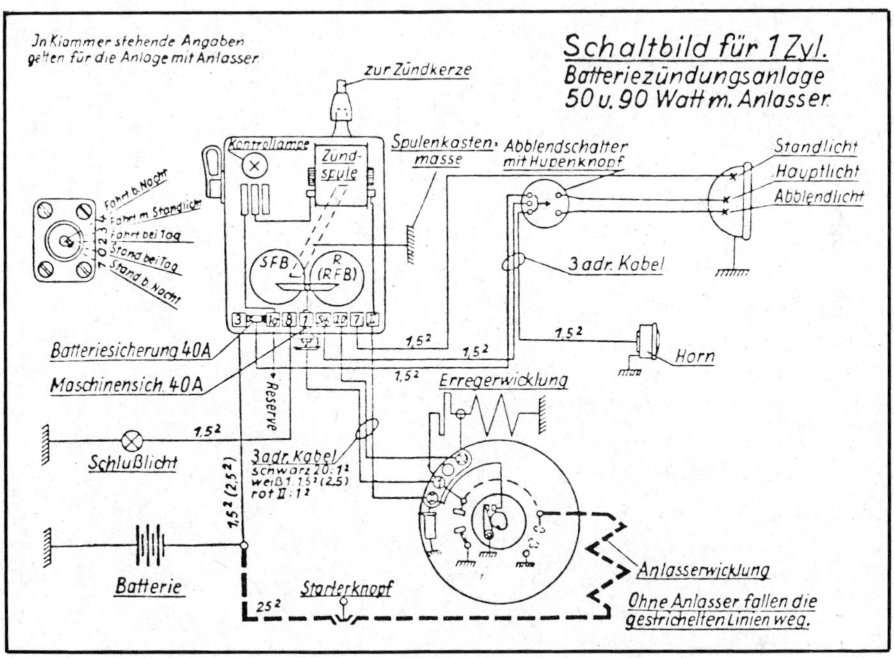

kann dann feststellen, ob die Kerze den richtigen Wärmewert hat. Andernfalls geht man mit dem Wärmewert entsprechend höher oder tiefer.
Sie sehen hieraus, daß der Veteranenrestaurateur nicht nur ein guter Handwerker, sondern auch u. U. Versuchsingenieur und -fahrer sein muß.

9.1.2. MAGNETZÜNDUNG

Grundsätzlich besteht folgender Unterschied zwischen Batterie- und Magnetzündung: Der Zündspule einer Batteriezündanlage muß die Primärspannung von einer fremden Stromquelle (Batterie bzw. Lichtmaschine) als Gleichstrom zugeführt werden. Der Magnetzünder ist von Lichtmaschine und Batterie unabhängig, er erzeugt die Primärspannung

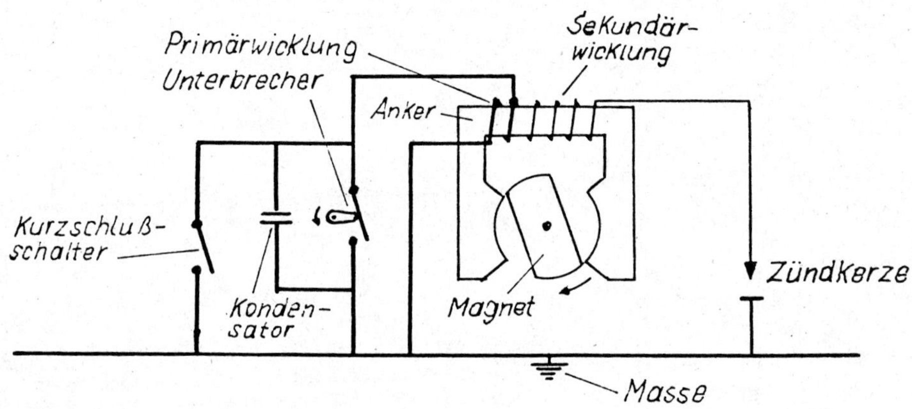

als Wechselstrom selbst. Er ist ein kleiner Generator, und zwar ein mit Dauermagneten ausgerüsteter Wechselstromerzeuger.
Der Anker trägt zwei verschiedene Wicklungen; er ist gleichzeitig Umspanner. Die eine Wicklung hat wenige Windungen aus dickem Draht, die andere viele Windungen aus dünnem Draht. In der „kurzen" Wicklung erkennt man die Primärwicklung, in der „langen" die Sekundärwicklung der Zündspule der Batteriezündung wieder.
Dreht sich der Magnet im feststehenden Anker oder – bei einer anderen Bauweise – der Anker im feststehenden Magnetfeld, dann werden Kraftlinien geschnitten, und es entsteht in der Primärwicklung eine Wechselspannung, die in der Sekundärwicklung hochtransformiert wird, so daß letztendlich an der Zündkerze ein Funke überspringt.

Transformatoren sprechen zwar ohne weiteres an, wenn sie an Wechselspannung liegen. Doch läßt sich die Wirkung noch wesentlich steigern, wenn der Primärstromkreis plötzlich unterbrochen wird. Deswegen trägt die Ankerwelle an einem Ende auf einer Grundplatte ein Paar Unterbrecherkontakte (bei feststehendem Magneten). Der zugehörige Unterbrechernocken sitzt in dem Nockenring, der am Magnetgehäuse befestigt ist, also während des Betriebs stillsteht.
Der Kondensator hat beim Magnetzünder die gleiche Aufgabe wie beim Batteriezünder; er soll den Öffnungsfunken zwischen den Unterbrecherkontakten verhindern.

Zerlegter Magnetzünder. Der Anker ist bereits neu gewickelt

Bei der Magnetzündanlage gilt für die Instandsetzung praktisch das gleiche wie bei der Batteriezündanlage.
Eine Ausnahme stellt der Zündanker dar. Wenn man auf Nummer sicher gehen und später nicht vielleicht schon bei der ersten Fahrt wegen einer durchgeschlagenen Wicklung liegen bleiben will, ist es ratsam, Primär- und Sekundärwicklung zu erneuern. Das Problem hierbei besteht nur darin, jemanden zu finden, der einem so etwas macht. Man muß bei verschiedenen Firmen, die auf das Wickeln von Ankern spezialisiert sind, nachfragen.
Ein Nachteil von Magnetzündanlagen ist, daß zur Erzeugung der Zündspannung Dauermagnete notwendig sind. Und diese hatten früher die unangenehme Eigenschaft, daß ihre magnetische Kraft im Laufe der Zeit

Montierter Magnetzünder mit Zündverstellung über Bowdenzug

nachließ, was zum Absinken der Zündspannung führte. Deshalb gab es Vorrichtungen, mit denen man die Magnete wieder aufmagnetisieren kann. Es handelt sich dabei um starke Elektromagnete. Kraftfahrzeug-Elektrowerkstätten besitzen in der Regel solche Vorrichtungen noch.

9.2. Zündeinstellung

Ein Problem kann die richtige Zündeinstellung werden. Ein falscher Zündzeitpunkt kann Schuld daran sein, daß ein Motor gar nicht oder aber mit schlechter Leistung und hohem Verbrauch läuft.
Erfolgt die Zündung zu früh, neigt der Motor zum „Klingeln". Bei zu später Zündung kann der Motor zu heiß werden. Beides ist der Lebensdauer eines Motors abträglich, weshalb die richtige Zündeinstellung sehr wichtig ist.
Bei Zweitaktern mit Schwungrad-Magnet ist die Einstellung verhältnismäßig einfach, das Schwungrad sitzt mit Konus und Keil immer an der gleichen Stelle auf der Kurbelwelle, und die Grundplatte mit Unterbrecher und Zündanker läßt sich um einen geringen Betrag in Langlöchern nach rechts und links verdrehen. Wenn man da zunächst einmal die Mittelstellung wählt, müßte der Motor eigentlich laufen.
Genauso verhält es sich mit der Zündeinstellung bei Motoren mit Batteriezündung, wo das Schwungrad mit Unterbrechernocken ebenfalls in einer Stellung auf der Kurbelwelle fixiert ist. Bei Viertaktmotoren mit separatem Hochspannungs-Zündmagnet hat dieser meist eine Verstellung „früh/spät" über Bowdenzug oder – bei noch älteren Fahrzeugen – Gestänge. Falls sich die richtige Einstellung des Magnetzünders zur Kurbelwelle

nicht durch Markierungen an den Zahnrädern ergibt, wird der Magnet so eingebaut, daß bei Stellung auf „spät" der Funke im oberen Totpunkt, evtl. 1 mm davor, überspringt. Der Verstellbereich von 20 °–40° erlaubt es dann, den Zündzeitpunkt mit dem Handhebel so weit in Richtung „früh" zu verstellen, daß der Motor unter den jeweiligen Betriebsbedingungen optimal läuft. Beim Antreten – und das sollten Unerfahrene beachten – wird die Zündung auf „spät" gestellt, da der Kickstarterhebel sonst böse zurückschlagen kann.

Ältere Zweitakter mit separatem Magnet, aber ohne Zündverstellung, bekommen 6 bis 10 Prozent des Kolbenhubs als Vorzündung und laufen damit im allgemeinen zufriedenstellend. Bessere Laufeigenschaften müssen durch Probieren gefunden werden.

Auch hier muß der Veteranen-Restaurator wieder sein Talent als Versuchsingenieur und -fahrer unter Beweis stellen.

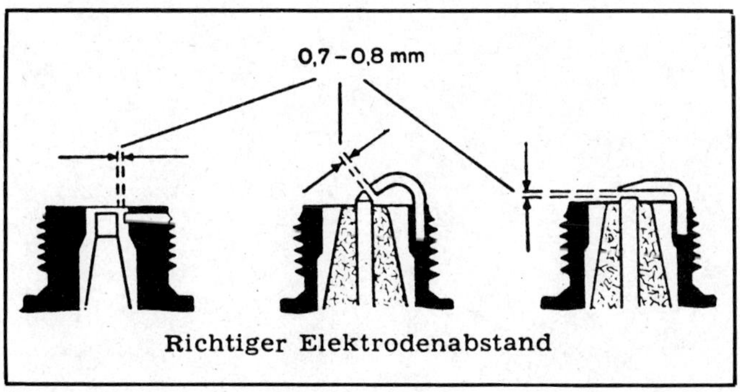

Der richtige Elektrodenabstand beträgt bei Batteriezündung ca. 0,7 mm, bei Magnetzündung ca. 0,4 mm – 0,5 mm

Der richtige Unterbrecherkontaktabstand beträgt bei allen Zündanlagen 0,4 mm an höchster Nockenstelle. Mit einer Fühlerblattlehre läßt sich der Abstand nachmessen.

9.3. Stromerzeugung

In den Anfängen des Motorradbaus fand der elektrische Strom nur Verwendung für die Zündung. Sofern Beleuchtung überhaupt vorhanden war, gewann man die Energie hierfür aus einem chemischen Prozeß, nämlich der Reaktion von Karbid mit Wasser. Erst später ging man zur elektrischen Beleuchtung über. Zur Stromerzeugung benutzte man zwei verschiedene Systeme: die Gleichstromlichtmaschine und den Lichtmagnetzünder.

Karbid-Rücklicht mit Absperrventil

Karbidscheinwerfer mit Entwickler

9.3.1. GLEICHSTROMLICHTMASCHINE MIT REGLER

Die in der Lichtmaschine erzeugte Spannung wird über zwei Bürsten am Kollektor abgenommen. Als Bürsten benutzt man Kohlen, meistens von rechteckigem Querschnitt. Die Kohlen schleifen sich im Laufe der Zeit immer mehr ab. Man darf sie nie vollständig aufbrauchen, denn sonst kommen die Federn, von denen sie gegen den Kollektor gedrückt werden, selbst zur Anlage. Zu kurz gewordene Kohlen werden durch neue ersetzt. Vorher bläst man den Bürstenhalter aus, um den Kohlenstaub zu entfernen.

Neue Kohlen kann man von modernen Fahrzeugen bekommen, eine leichte Nacharbeit wird dann allerdings meist notwendig sein.

Ist der Kollektor verschmiert, so wird er mit einem in Benzin getränkten Lappen gereinigt.

Die kupfernen Segmente des Kollektors schleifen sich stärker ab als die zwischen ihnen sitzende Isolation. Die Nuten zwischen den Segmenten verschwinden also allmählich, ja, es könnten sich sogar vorstehende Isolatorrippen bilden. Diese stören die Anlage der Kohlen und den Stromübergang sehr stark, es kommt zum Funken des Kollektors, was zu noch verstärkter Abnutzung führt.

Der Anker der Lichtmaschine wird auf einer Drehbank zwischen Spitzen gespannt und der Kollektor fein überdreht. Anschließend wird vorsichtig die Isolation zwischen den Lamellen herausgefräst. Diese Arbeiten kann man in einer Elektrowerkstatt machen lassen.

Eine der wichtigsten Aufgaben der Lichtmaschine ist es, die Batterie zu laden.

Sie ist hierzu nur imstande, wenn die von ihr erzeugte Spannung höher ist als die Spannung der Batterie. Demnach beginnt das Laden erst dann, wenn der Lichtmaschinenanker eine bestimmte Drehzahl erreicht hat. Dieser Augenblick ist daran erkenntlich, daß die Ladekontrolleuchte erlischt. Würden Lichtmaschine und Batterie schon vorher miteinander verbunden sein, so würde die Batterie sich über die Lichtmaschine entladen. Nach längerem Stillstand des Motorrades wäre die Batterie leer, die Wicklungen der Lichtmaschine wären vielleicht durchgebrannt.
Zur Ausrüstung jeder Lichtmaschine gehört deshalb ein Rückstromschalter oder Ladeschalter. Dieser bewirkt, daß die Lichtmaschine die Batterie laden, diese sich aber nicht über die Lichtmaschine entladen kann.
Der Rückstromschalter ist ein kleiner Magnetschalter, der anhand des Schaltbildes näher beschrieben werden soll.

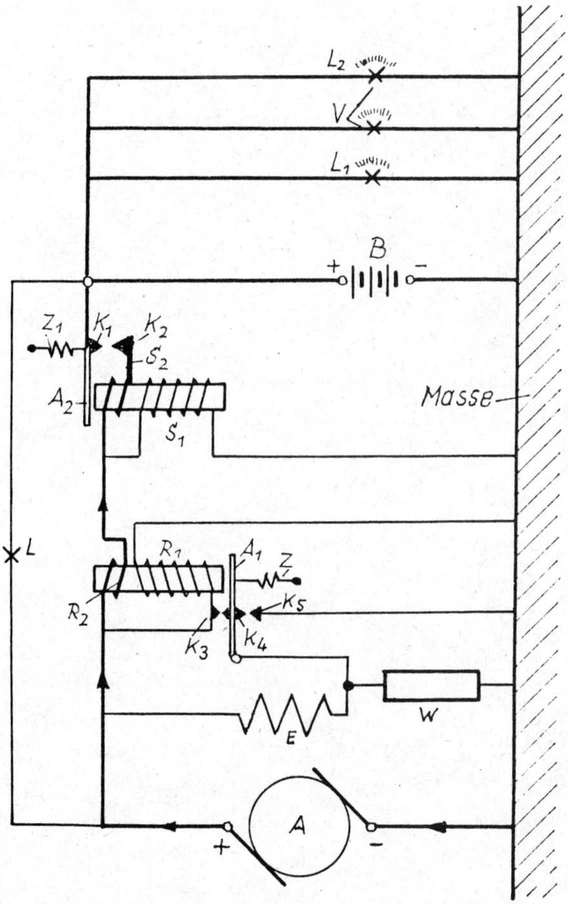

Schaltbild einer spannungsregelnden Lichtmaschine

A Anker der Lichtmaschine
A_1 Regleranker
A_2 Schalteranker
B Batterie
E Erregerwicklung
K_1, K_2 Schalterkontakte
K_3, K_4, K_5 Reglerkontakte
L Ladestrom-Kontrolleuchte
L_1, L_2, V Leuchten und sonstige Verbraucher
R_1, R_2 Reglerwicklungen
S_1, S_2 Schalterwicklungen
W Widerstand
Z, Z_1 Zugfedern

Der Kern trägt zwei Wicklungen S_1 und S_2, S_2 mündet in den feststehenden Kontakt K_2. Ihm steht der Kontakt K_1 auf dem Schalteranker A_2 gegenüber.
Auf A_2 wirkt nach links die Feder Z_1.
Die Batterie wird geladen: Läuft die Lichtmaschine an, so überwiegt vorläufig die Wirkung von Z_1 auf A_2; K_1 und K_2 sind getrennt, dadurch ist aber die Batterie von der Lichtmaschine abgeschaltet.
In dem Maße, wie die Spannung der Lichtmaschine zunimmt, wächst auch die Wirkung der Magnetspule S_1. Schließlich kommt der Augenblick, in dem A_2 nach rechts muß: K_1 und K_2 berühren sich, und die Ladung der Batterie beginnt.
S_1 wird nun in ihrer Wirkung auf A_2 noch durch die Wicklung S_2 unterstützt.
Die Batterie wird abgeschaltet: Nimmt die Drehzahl der Lichtmaschine wieder ab, so kommt der Augenblick, in dem die Maschinenspannung unter die Batteriespannung sinkt; Strom aus der Batterie durchfließt die Wicklung S_2. Jetzt wirkt der von S_2 erzeugte Magnetismus dem von S_1 erzeugten entgegen. Dadurch bekommt Z_1 das Übergewicht und zieht die Kontakte K_1 und K_2 auseinander.
Der *Spannungsregler* schützt die Verbraucher vor zu hoher Maschinenspannung. Die Spannung einer Lichtmaschine steigt mit zunehmender Drehzahl. Übermäßiges Anwachsen der Spannung verhindert der Spannungsregler. Wäre er nicht vorhanden, so würden sehr bald sämtliche Lampen durchgebrannt und die Batterie durch Überladung zerstört sein.
In seinem Aufbau ähnelt der Spannungsregler dem Rückstromschalter. Ein Eisenkern trägt wiederum zwei Spulen: R_1 und R_2. Beweglich ist der Regleranker A_1 mit den beiden Kontakten K_4. Nach rechts wirkt auf A_1 die Zugfeder Z.
Der Spannungsregler gehört zusammen mit der Erregerwicklung E und dem Widerstand W zum Erregerstromkreis der Lichtmaschine. Bei niedriger Drehzahl fließt der Strom im Erregerstromkreis ungehindert. Wird in A nur eine geringe Spannung erzeugt, so ist die Zugfeder Z kräftiger als der Elektromagnet. Dann berühren sich der rechte Kontakt K_4 und der an Masse liegende Kontakt K_5. Folglich fließt der Strom, der in E das magnetische Kraftfeld erzeugt hat, unmittelbar über Masse an A zurück.
Bei höherer Drehzahl wird dem Erregerstromkreis ein Widerstand vorgeschaltet. Mit der Ankerdrehzahl steigen Spannung und Strom, das bedeutet verstärkten Zug an A_1 nach links. Z kann nun die Kontakte K_4 und K_5 nicht mehr geschlossen halten. Es kommt zu der in der Abbildung gezeigten Stellung des Schalterankers. Jetzt muß der Strom, der durch E geflossen ist, noch den Widerstand W durchfließen, ehe er Masse erreicht.
W erschwert aber den Stromdurchgang. Die Stärke des Stromes im Erre-

gerstromkreis nimmt ab, die Zahl der erzeugten Kraftlinien sinkt, damit auch die Spannung. A_1 geht nur für einen Augenblick wieder nach rechts zurück und schließt K_4–K_5, worauf sich das Spiel wiederholen kann.
Bei sehr hoher Drehzahl wird der Erregerstromkreis zeitweilig kurzgeschlossen. Wird die elektromagnetische Wirkung auf A_1 noch größer, so kommt es zur Berührung des linken Kontaktes K_4 mit K_3. Jetzt fließt kein Strom durch die Erregerwicklung E. Durch dieses „Kurzschließen“ wird die Felderregung so lange unterbrochen, bis Z den Anker A_1 wieder nach rechts geholt hat.
Dieser Vorgang tritt immer dann ein, wenn die Ankerdrehzahl besonders groß ist oder die Wicklung R_2 von einem überdurchschnittlich starken Strom durchflossen wird. Dies ist der Fall, wenn die Batterie stark erschöpft ist.
Die eben geschilderten Vorgänge spielen sich in sehr kurzen Zeiträumen ab. Die Anker, besonders A_1, schwingen vielfach häufiger als der Klöppel einer elektrischen Glocke hin und her. Rückstromschalter und Spannungsregler sind meist im „Reglerschalter“ vereinigt.
Als Instandsetzungsarbeit des Reglerschalters bliebe das Glätten der Kontaktflächen. Das Einstellen von Regler und Schalter ist grundsätzlich möglich, aber es gehört Geschick und Erfahrung dazu. Aber wenn man sich einmal das oben beschriebene Funktionsprinzip klar gemacht hat, müßte man an sich in der Lage sein, Regler und Schalter selbst einzustellen. Einen nicht funktionierenden Schalter erkennt man am Nichtverlöschen der Ladekontrollampe. Bei defektem Regler steigt die Spannung bei steigender Drehzahl immer höher an. Sie soll bei einem 6-Volt-Netz bei ca. 7–7,5 Volt liegen.

9.3.2. LICHTMAGNETZÜNDER

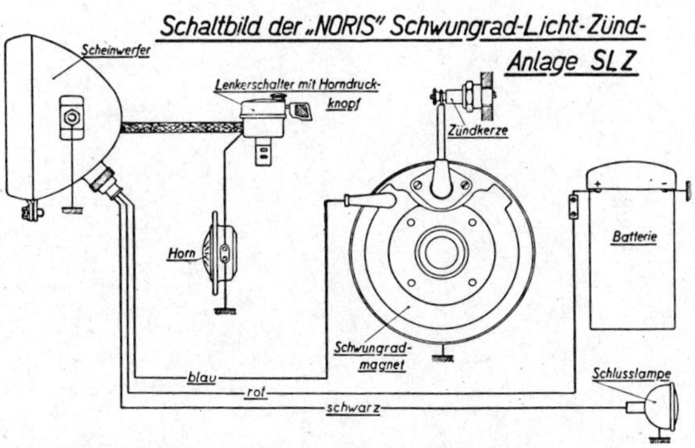

Schaltbild der „NORIS“ Schwungrad-Licht-Zünd-Anlage SLZ 6/7 (frühere Bezeichnung S 99)

Der Lichtmagnetzünder vereinigt Lichtmaschine und Magnetzünder. Er arbeitet unabhängig von der Batterie. Zusätzlich zum Zündanker befindet sich z. B. bei einem Schwungradzünder auf der Grundplatte noch ein Lichtanker, in dem der Strom für die Versorgung der Beleuchtung erzeugt wird.
Außerdem kann sich auch noch ein gesonderter Ladeanker für die Batterie auf der Grundplatte befinden.

9.4. Beleuchtung

Die Beleuchtung mittels Entwickler und Karbidlampen wurde später durch elektrische Beleuchtung abgelöst. Es soll hier aber nur die Rede von elektrischer Beleuchtung sein.
Bis zum Ende der 20er Jahre war es gar nicht selbstverständlich, daß Motorräder serienmäßig eine Beleuchtungsanlage besaßen. Man konnte sie entweder gegen Aufpreis oder im Zubehörhandel bekommen.
Für Motorräder, die serienmäßig keine Lichtmaschine besaßen, gab es im Zubehör Anbaulichtmaschinen, die nachträglich montiert werden konn-

Vor dem vorderen Rahmenrohr liegender Lichtmagnetzünder (hier als Standmagnetzünder mit darüber angeordneter Gleichstrom-Lichtmaschine).

ten und über Keilriemen von der Kurbelwelle angetrieben wurden.
Einfacher ging es bei Beschränkung auf eine nachträglich anzubauende Batterie, die dann allerdings häufig an einer stationären Stromquelle nachgeladen werden mußte.
Bei den meisten Veteranen, die man unrestauriert erwirbt, sind Scheinwerfer und Rücklicht beschädigt oder fehlen ganz. Das ist der Grund dafür, daß man an vielen restaurierten Motorrädern moderne Scheinwerfer und Rückleuchten findet.
Wenn man Originalteile nicht mehr bekommen kann, sollte man wenigstens andere aus der Zeit nehmen, aus der die Maschine stammt. Ein Rücklicht eines anderen Veteranen ist auf alle Fälle stilgerechter als ein modernes.
Bei einigen Motorrädern aus den 30er Jahren kann man sich mit jüngeren Scheinwerfern helfen. Für Baumaschinen gibt es solche Anbauscheinwerfer heute noch, die den alten stark ähneln.
Sollte ein Motorrad keine elektrische Beleuchtung besitzen, so sollte man diese nur dann nachträglich anbauen, wenn man beabsichtigt, die Maschine zum Straßenverkehr zuzulassen. Will man mit seinem Veteran nur an Rallyes teilnehmen, kann man getrost auf die Beleuchtung verzichten.

10.0 Endmontage

Nachdem das Motorrad vollständig zerlegt wurde, und alles wieder in neuwertigem Zustand ist, soll aus den vielen Einzelteilen wieder ein Motorrad werden.
Prinzipiell ist bei der Montage umgekehrt vorzugehen wie bei der Demontage. Dennoch muß einiges beachtet werden, was hier beschrieben werden soll.
Vor allem soll man sich beim Zusammenbauen Zeit und Ruhe lassen, auch wenn man dem Zeitpunkt entgegenfiebert, an dem die Maschine zum ersten Mal laufen soll.

Viel Arbeit ist nötig, bis eine restaurierte Maschine endlich so dasteht

10.1. Montage von Fahrgestell und Motor

Der Zusammenbau von Rahmen, Gabel, Rädern und Motor richtet sich natürlich, ebenso wie das Zerlegen nach den Gegebenheiten. Bei manchen Motorrädern muß man den Motor als Ausgangspunkt nehmen, weil er als tragendes Teil in den Rahmen integriert ist. Bei anderen Maschinen

wieder hängt man den Motor zuletzt in das fertige Fahrgestell.
In jedem Fall aber kann man die Fotos und Aufzeichnungen, die man vor der Demontage gemacht hat, nun zu Rate ziehen. Man wird erst jetzt merken, wie wichtig sie sind, und wird oft genug seine Arbeit unterbrechen müssen, um nachzusehen, wie das Schutzblech nun wirklich befestigt oder wie die Gabel zusammengeschraubt war.
Nun einige Details, auf die bei der Montage geachtet werden muß.
Bei der Montage des Kraftstofftanks ist darauf zu achten, daß dieser nicht verspannt wird. Früher wurde der Tank noch nicht in Gummi gelagert, sondern fest mit dem Rahmen verschraubt. Wird der Tank verspannt eingebaut, so kommt es zu Rissen, die sehr schwer wieder abgedichtet werden können.
Wird das Hinterrad eingesetzt, ist dafür zu sorgen, daß es in einer Flucht mit dem Vorderrad steht, um einwandfreien Geradeauslauf zu gewährleisten.
Ob Vorder- und Hinterrad in einer Spur laufen, sieht man am besten durch Anlegen einer Latte.
Wenn – was bei Veteranen häufig der Fall war – Rahmen oder Gabel teilweise geschraubt waren, so waren sie meist auch in der Farbe des Motorrades lackiert. Man lackiert diese Schrauben und Muttern erst nach dem Anziehen, da sonst der Lack abplatzen würde.

10.2. Verlegen von Bowdenzügen und Leitungen

Es tut einem weh, wenn man bei manchen Veteranen sieht, wie dort Bowdenzüge und Leitungen verlegt sind: Leitungen werden ohne Schutzhülle, Bowdenzüge in zu scharfen Bögen verlegt. Es kommt noch hinzu, daß oft recht farbenfrohe Kabel verwendet werden, die dann das gesamte Bild des Veteranen verschandeln. Dabei macht es auch nicht mehr Arbeit, alles ordentlich zu machen.
Leitungen werden grundsätzlich in Schutzhüllen verlegt, die der Farbe der Maschine entsprechen, meist ist das ja schwarz. Es können zur besseren Unterscheidung in den Hüllen farbige Leitungen verwendet werden.
Ist irgendwo eine Kabeldurchführung durch ein Blech notwendig (vielleicht weil die Zündspule in den Werkzeugkasten gesetzt wurde), so wird das Kabel mit einer Gummitülle gegen Durchscheuern gesichert.
Kabel sollen ebenso wie Bowdenzüge an verschiedenen Stellen am Rahmen befestigt werden. Dies kann wie früher mit LM-Blechbändern geschehen oder mit *unauffälligem* Isolierband.
Die Hüllen der Bowdenzüge sollen ebenfalls in ihrer Farbe dem Motorrad

Bowdenzüge werden ohne scharfen Knick verlegt

Elektrische Leitungen werden in unauffälligen Hüllen verlegt

angepaßt sein. Die Züge sollen in möglichst großem Bogen verlegt werden, umso leichter sind die entsprechenden Hebel zu bedienen und umso länger halten die Seilzüge. Vor dem Zusammenbauen müssen die Züge natürlich geölt werden, man nimmt hierzu am besten Motoröl mittlerer Viskosität (30er). Es gehören aber keine modernen Bowdenzüge mit Ölern an einen Veteranen. Sie sind zwar praktisch, aber nicht „stilgerecht".

10.3. Probelauf

Bevor nun der feierliche Augenblick kommt, in dem der Motor zum ersten Mal angetreten werden kann, sind noch einige Vorbereitungen zu treffen.

Anwendung ist guter Zustand der Lager. Schmierstellen, welche soviel Luft haben, daß sich der Schmierstoff darin gar nicht halten kann, lohnen den Aufwand nicht.
Zur *Montage* der angeführten (und ähnlicher) Teile verwende man MoS_2-Paste.
Zum *Nachschmieren,* soweit Schmiernippel vorhanden, nehme man MoS_2-Fett.
Auf einen anderen Verwendungszweck der Paste möchte ich in diesem Zusammenhang hinweisen, und zwar der Herstellung von Gehäusedichtungen. Man bestreicht den Gehäusedeckel dünn mit der Paste und drückt ihn dann auf das Dichtungspapier. Wie mit einem Stempel ist das auszuschneidende Muster exakt mit allen Löchern aufgetragen.

11.2. Motorschmierung

Als Motoröl wurde bis in die 30er Jahre unlegiertes Öl der Viskositätsklasse SAE 50 verwendet. Erst Mitte der 30er Jahre tauchten die ersten Öladditive auf. Von der Verwendung der unlegierten und hochviskosen Öle ist heute abzuraten, da sie zu wenig Verschleißschutz an hochbelasteten Stellen wie Nocken, Stößeln und Kolbenringen bieten. Außerdem kommt es leicht zur Bildung von Ölkohle.
Moderne Öle (HD-Öle) lassen die Bildung von Ölkohle fast gar nicht zu, lösen andererseits aufgrund ihrer reinigenden Additive vorhandene Rückstände auf. Deshalb soll man in alten Motoren, die nicht geöffnet worden sind, keine HD-Öle fahren. Vorhandene Rückstände werden nämlich abgelöst, wirken im Motor schmirgelnd, verstopfen Ölbohrungen und führen damit zu Kolbenfressern und Lagerschäden.
Besser ist es auf alle Fälle, den Motor zu zerlegen und zu reinigen, so daß anschließend HD-Öl gefahren werden kann.
Wenn man sich an Produkte bekannter Mineralölhersteller hält, sind Einschränkungen unnötig, Zusätze ebenfalls.
Früher wurden durchweg höherviskose Öle verwendet als heute, weil wegen der Druckfestigkeit ein dicker Ölfilm erforderlich war. Heute erfüllen die Ölhersteller diese Forderungen mit entsprechenden Zusätzen und können dünnere, kältefestere Grundöle verwenden. Der Ölmangel beim Anlaufen eines Motors wird damit wesentlich verkürzt, was der Lebensdauer von Lagern, Kolben und Zylinderlaufbahn zugute kommt. Für unsere Zwecke empfiehlt sich die Verwendung folgender Viskositätsklassen:

	Sommer	Winter
alle Motoren	SAE 20W–50	oder SAE 20W–40
überholte Motoren	SAE 30	SAE 20W–20
ältere Motoren mit größerem Lagerspiel	SAE 40	SAE 30 SAE 20W–20 unter 0 °C

ÖLZUSÄTZE

Man unterscheidet öllösliche und ölunlösliche Zusätze. Öllösliche Zusätze sind bei modernen HD-Ölen nutzlos, da sie hauptsächlich die Reibung von Schmierstoffen vermindern sollen, was bei HD-Ölen nicht nötig ist.
Anders sieht es bei den ölunlöslichen Zusätzen aus. Das sind Stoffe auf MoS_2- oder Graphitbasis. Da sich diese Zusätze im Öl nicht lösen, bleibt die Eigenschaft des Öls erhalten. Die ölunlöslichen Zusätze besitzen gute Hafteigenschaften und halten großen Drücken stand, d. h. sie besitzen gute Notlaufeigenschaften bei Ölmangel. Verschleißmindernde Wirkungen sind also hauptsächlich beim Kaltstart zu erwarten. Man sollte sich aber auch nicht zu viel von diesen Zusätzen versprechen.

11.3. Getriebeschmierung

Zur Schmierung des Getriebes wurde in der Regel ein Gemisch aus Fließfett und Motoröl verwendet, da Schmierung durch Öl aufgrund der schlechten Abdichtung nicht möglich war.
Ein solches Fließfett gab es früher unter der Bezeichnung „Ambreoleum“. Ersatz dafür ist heute z. B. Shell Retinax G. Man wird es kaum an der Tankstelle bekommen können. Wenn nicht anders möglich, läßt man sich über den Tankstellenpächter einen ganzen Karton bestellen. Man tut sich in diesem Fall vielleicht mit anderen zusammen.
Man kann zur Getriebeschmierung auch entsprechende Fette mit MoS_2-Zusätzen verwenden. Allerdings darf dann keine Kupplung im Getriebe sein.
Befüllt wird das Getriebe bis zur Kontrollöffnung. Ist keine vorhanden, so genügt es, soviel Fließfett oder Öl einzufüllen, daß die unteren Getrieberäder gerade mit den Zähnen eintauchen. Bei höherem Öl- oder Fettstand

entsteht zuviel Reibungswärme, die schlecht abgeführt werden kann. Außerdem bildet sich Ölschaum, der gar nicht schmiert und durch das große Volumen das Getriebegehäuse an allen vorhandenen Ritzen und Öffnungen verläßt. Verschäumtes Öl altert zudem durch die starke Vermischung mit Sauerstoff sehr schnell.
Findet als Getriebeschmierstoff ein Öl/Fett-Gemisch Verwendung, so ist dieses vor dem Einfüllen im richtigen Verhältnis zu mischen. Das Mischungsverhältnis beträgt ca. 2/3 Fett und 1/3 Öl. Um es besser mischen und später auch einfüllen zu können, erwärmt man das Gemisch am besten.

11.4. Schmierung von Radlagern, Lenkungslagern, Magnetzünder und Antriebskette

Früher schrieben die Betriebsanleitungen häufig vor, die Radnaben zu ölen. Davon ist ganz entschieden abzuraten. Ein Wälzlager läuft mit wenig Mehrzweckfett oder MoS_2-Fett tadellos und lange Zeit. Jedes Zuviel an Fett verhindert die Wärmeabfuhr aus dem Lager, man fettet deshalb nicht zu reichlich. Nachschmieren ist bei den geringen Laufstrecken der meisten Veteranen nicht nötig. Gekapselte Rillenkugellager brauchen über ihre gesamte Lebensdauer nicht geschmiert zu werden.
Bei den Lenkunslagern tritt eine hohe Druckbelastung, aber nur kleine Bewegungen auf. Man nimmt hier das MoS_2-Fett, keine Paste.
Die Wälzlager der Standmagnetzünder benötigen ein Fett mit sehr guter Wärmebeständigkeit. Ein entsprechendes Produkt gibt es unter der Bezeichnung Ft 1 V4 bei Bosch. Dieses Fett wird in kleinen Tuben angeboten, man benötigt davon auch jeweils nur sehr wenig.
Mit dem Fett werden die gereinigten Lager sparsam gefettet, ebenso wird das Gleitstück des Unterbrechers und dessen Laufbahn hauchdünn eingerieben.
Den Antrieb eines Standmagnetzünders behandelt man am besten mit MoS_2-Spray; das ist schön trocken und dürfte für die geringe Belastung der Zahnräder für lange Zeit ausreichen.
Für die Schmierung der Antriebskette gibt es spezielle Kettenfette im Handel.
Die Kette wird gründlich in Benzin gewaschen, gut getrocknet und in das erhitzte, flüssige Fett gelegt, das so in die Rollen eindringen kann. Überschüssiges Fett wird von der Kette abgewischt, da Fett außen an den Kettengliedern nur Staub binden würde.

12.0 Zulassung zum Straßenverkehr

Wer nun seinen Veteran soweit restauriert hat, daß dieser nicht nur optisch, sondern auch technisch wieder im Bestzustand ist, der möchte sein Fahrzeug eventuell auch zum öffentlichen Straßenverkehr zulassen. Dies ist gar nicht so schwer, wie man vielleicht glaubt. Für mich stellte die bestandene TÜV-Abnahme immer den krönenden Abschluß einer Restaurierung dar, beweist sie doch, daß auch ein vierzig oder fünfzig Jahre altes Motorrad den heutigen Anforderungen im Straßenverkehr noch gerecht werden kann. Wohlgemerkt, ohne daß der Veteran übermäßig modernisiert und damit verschandelt wird. So habe ich zwei Motorräder, die gut vierzig Jahre alt waren, und bei denen nichts modernisiert war, ohne Beanstandung durch den TÜV bekommen. Natürlich spielt hier auch der Gesamtzustand einer Maschine eine entscheidende Rolle. Der TÜV-Prüfer wird eher ein Auge zudrücken, wenn ihm ein Motorrad in gutem Allgemeinzustand vorgeführt wird, als wenn er ein „vergammeltes Schätzchen" zu beurteilen hat.
Aber bevor Sie die Fahrt zum TÜV antreten können, sind noch einige andere Angelegenheiten zu erledigen, wie bereits weiter vorn beschrieben wurde. Der Vollständigkeit halber will ich es hier nochmals erwähnen.

12.1. Erstellung neuer Kfz.-Unterlagen

Besitzen Sie noch den Original-Brief Ihrer Maschine, so ist die Erstellung eines neuen Kfz.-Briefes keine Schwierigkeit. Die Daten werden dann einfach in den neuen Brief übernommen. Ist der Brief hingegen nicht mehr vorhanden, so müssen Sie sich zunächst vom Kraftfahrtbundesamt in Flensburg unter Angabe der Fahrgestell-Nr. und des Herstellers eine Bescheinigung darüber ausstellen lassen, daß Ihr Fahrzeug weder als gestohlen gemeldet ist noch dort registriert ist. Diese Bescheinigung

kostet ein paar Mark und wird Ihnen nach ca. 14 Tagen per Nachnahme zugesandt.
Außer dieser Bescheinigung benötigen Sie zur Anmeldung beim Straßenverkehrsamt lediglich die gleichen Unterlagen, die Sie bei einer normalen Ummeldung bzw. Neuanmeldung brauchen (Antragsformular und Versicherungsnachweis).
Vom Straßenverkehrsamt wird man Sie dann zum TÜV schicken, wo eine sogenannte Ganzabnahme durchgeführt wird. Hier werden auch die technischen Daten in den neuen Kfz.-Brief eingetragen. Besitzen Sie den Original-Brief nicht mehr, so müssen Sie dem TÜV-Prüfer trotzdem glaubhafte Angaben über Ihre Maschine machen können.
Denn über Motorräder aus den 20er oder 30er Jahren hat der TÜV in aller Regel keine Unterlagen.
Akzeptiert werden Kopien von Kfz.-Briefen anderer Motorräder gleichen Typs, oder aber auch Artikel in Fachzeitschriften, aus denen die technischen Daten zu ersehen sind. Die Beweislast liegt auf alle Fälle bei Ihnen.

12.2. Notwendige Einrichtungen

Es ist klar, daß ein Motorrad, das weder Getriebe noch Kupplung besitzt, heute nicht im öffentlichen Straßenverkehr bewegt werden kann.
Aber auch über andere Einrichtungen gibt es Vorschriften, die beachtet werden müssen, wenn man sein Fahrzeug zulassen will.
Fangen wir mit der Beleuchtung an. Mit einer noch so schönen Karbidlampe wird man beim TÜV-Prüfer nicht durchkommen. Vorgeschrieben ist elektrisches Licht. Aber auch bei Maschinen, die seinerzeit schon elektrische Beleuchtung besaßen, ist nicht gesagt, daß diese vom TÜV akzeptiert wird. Der Sachverständige kann ein sogenanntes Prüfzeichen verlangen, das die alten Scheinwerfer aber nicht besaßen. Notfalls muß man dann einen modernen Scheinwerfer bzw. ein modernes Rücklicht montieren. Etwas Geeignetes gibt es evtl. für Baumaschinen und Ackerschlepper. War seinerzeit keine Beleuchtung vorgesehen oder will man aus Gründen der Originalität nicht auf die schönen Karbidlampen verzichten, so besteht noch die Möglichkeit, gänzlich auf Nachtfahrten zu verzichten. Man muß sich dann eine entsprechende Eintragung in die Fahrzeugpapiere machen lassen.
Wer auf elektrische Beleuchtung nicht verzichten will, hat in vielen Fällen die Möglichkeit, nachträglich eine Lichtmaschine zu installieren. Für viele Motorräder gab es damals Lichtmaschinen zum Nachrüsten. Bei Maschinen, wo diese Umrüstung nicht möglich oder zu aufwendig ist, empfiehlt

sich der Anbau einer Batterie, die dann natürlich immer nachgeladen werden muß. Längere Nachtfahren sind damit natürlich nicht möglich. Blinker sind bei alten Motorrädern nicht vorgeschrieben, das gleiche gilt für ein Bremslicht, obwohl dies vom TÜV gerne gesehen wird.
Ein ebenso großer Wert wie auf die Beleuchtung wird auch auf die Bremsanlage gelegt. Dabei sind zwei unabhängig voneinander wirkende Bremsen vorgeschrieben. Es können also z. B. zwei Bremsen am Hinterrad sitzen, die eine über Bowdenzug von der Lenkstange aus zu betätigen, die andere über einen Fußbremshebel. Eine Bremse im Vorderrad ist dann nicht mehr notwendig.
Viel schwieriger ist es bei alten Motorrädern, die für den heutigen Verkehr notwendige Verzögerung durch die Bremsen zu erreichen. Innenbackenbremsen sollten schon vorhanden sein.
Als Signalinstrument genügt eine Ballhupe, sie schont auch die Batterie bei Betrieb ohne Lichtmaschine.
Auch um einen Rückspiegel kommt man nicht herum. Für eine Maschine aus den zwanziger Jahren sollte er aber nicht verchromt und nicht zu elegant sein. Für Lieferwagen gibt es lackierte Spiegel, die auch nicht zu groß sind.
Voraussetzung für die Zulassung ist ferner ein Schloß gegen Diebstahl. Früher waren die Menschen wohl ehrlicher, da gab es das nicht als Anbauteil. Man muß sich also eine Kette und ein Sicherheitsschloß kaufen, damit der TÜV sieht, daß man das Fahrzeug gegen unbefugte Benützung sichern kann. Kette und Schloß sollten nicht zu primitiv sein. Mit einem einfachen Seilschloß für Fahrräder ist es nicht getan.
Weiterhin ist ein Tachometer vorgeschrieben, der früher auch bei vielen Herstellern nicht serienmäßig montiert war.
In diesem Fall muß irgendetwas gebaut werden. Der Antrieb geschieht am

Nachträglich am Hinterrad angebauter Tachoantrieb

StVZO-gerechte Ausrüstung mit Spiegel, Tachometer und Ballhupe

einfachsten vom Vorderrad aus. Das Instrument wird mit einer Schelle an Gabel oder Lenker befestigt. Es gibt im Handel Moped-Tachometer, die hier gut geeignet sind.
Für viele Motorräder, die keinen serienmäßigen Tacho besaßen, gab es seinerzeit schon solche zum Nachrüsten. Wenn man sucht, findet man bestimmt etwas Passendes.
Eine fehlende Tachometerwelle bei vorhandenem Antrieb kann man sich bei jedem Tachometer-Dienst anfertigen lassen.
Will man auf Ausflügen später auch mal seine Sozia mitnehmen, muß für diese natürlich ein geeigneter Sitz vorhanden sein. Ein zweiter Sattel wurde früher einfach auf dem Gepäckträger montiert.
Aber auch hierbei sind die heutigen Bestimmungen zu beachten. Der Haltegriff darf heute nicht mehr starr sein.
Helfen kann man sich, indem man anstelle des starren Griffs ein Stahlseil befestigt, das mit einem Stück Schlauch überzogen wird. An die Enden werden große Kabelaugen gelötet, mit denen der nun elastische Griff am Sattel festgeschraubt wird. Für den Soziusbetrieb müssen natürlich auch Fußrasten vorhanden sein.

13.0 Pflege

Ebenso wichtig wie gewissenhaftes Restaurieren ist die anschließende Pflege eines Motorrades. Schließlich will man ja lange Freude an seinem Veteran haben. Richtige Pflege, insbesondere richtige und regelmäßige Schmierung, erspart einem unter Umständen Reparaturen.

13.1. Laufende Pflegearbeiten

Es gelten hier im Großen und Ganzen die gleichen Regeln wie bei modernen Maschinen.
Zu erwähnen wäre das regelmäßige Wechseln von Motor- und ggf. Getriebeöl bzw. -fett. Wechselintervall etwa alle 3000 km oder einmal im Jahr.
Hinzuweisen wäre noch auf die besondere Pflegebedürftigkeit von Nickel. Nickel neigt wesentlich leichter zur Oxidation als Chrom. Das war auch der Grund dafür, daß man um 1930 zur Verchromung überging.
Man soll deshalb sämtliche vernickelten Teile – wird die Maschine nicht gebraucht – leicht mit Vaseline einfetten oder mit einem Korrosionsschutzmittel einsprühen. Dies besonders dann, wenn das Fahrzeug nicht absolut trocken steht.
Hat sich einmal eine leichte Oxidschicht gebildet, so verschwindet sie durch Chromputzmittel wieder.
Das gleiche gilt natürlich auch für Chromteile.
Lack wird mit Autowachs behandelt, was ihn beanspruchbarer macht. Er darf nur nicht zu frisch sein, weil sonst genau das Gegenteil erreicht wird: der Lack wird stumpf.

13.2. Stillegung

Vor der Stillegung wird das Fahrzeug zunächst gereinigt. Der Lack und die blanken Teile werden mit Korrosionsschutzmittel eingesprüht.
Batterien werden auf jeden Fall ausgebaut und gelegentlich nachgeladen.
Nun zur Konservierung des Motors:

ZWEITAKTMOTOREN

Durch das Zündkerzenloch wird etwas Korrosionsschutz-Öl eingesprüht und der Motor einige Male ohne Zündung durchgedreht. Der Kolben wird bei Einzylindern in OT gestellt, Zündkerze wird wieder eingeschraubt und der Ansaugstutzen mit einem ölgetränkten Lappen verschlossen.

VIERTAKTMOTOREN

Für die normale Überwinterung verfährt man folgendermaßen: Motor warmfahren, Vergaser leerfahren, Ölfüllung aus Motor und Getriebe ablassen und frisches Öl einfüllen.
Im Frühjahr kann man dann gleich mit dem frischen Öl losfahren. Wichtig ist es, kein zu dünnflüssiges Öl zu verwenden, weil ein dicker Ölfilm länger haftet und besser konserviert; also möglichst SAE 30. Nach dem Öleinfüllen Zündkerze ausschrauben und durch die Öffnung etwas Korrosionsschutz-Öl einsprühen. Dann den Motor durchdrehen, um das Öl zu verteilen. Auch das Getriebe durchdrehen, um alle Teile zu benetzen.
Kolben auf OT stellen und Zündkerze einschrauben. Alle Öffnungen verschließen. Der Ventilmechanismus wird ebenfalls geölt, um Rostansatz zu vermeiden.
Bei Motoren mit Wasserkühlung wird das Kühlwasser abgelassen und frisches Wasser mit 1% Veredlungsmittel (z. B. Shell Donax C) eingefüllt. Bei Frostgefahr entsprechende Menge Frostschutzmittel zugeben. Es gibt heute auch Ganzjahres-Frostschutzmittel. Bei Verwendung dieser Wasserzusätze braucht man das Kühlwasser nicht zu wechseln. Nur haben diese Frostschutzmittel den Nachteil, daß sie Wärme schlechter leiten. Was bedeutet, daß der Motor unter Umständen heißer wird. Man sollte deshalb im Sommer auf diese Zusätze verzichten.
Zum Schluß werden alle Fahrwerksschmierstellen abgeschmiert; Radlager müssen nicht extra behandelt werden.

Ersatzteilbeschaffung

Da mit das Schwierigste beim Restaurieren die Beschaffung von Ersatzteilen ist, sollen hier einige Adressen von Firmen genannt werden, die Ersatzteile herstellen oder bestimmte Restaurierungsarbeiten ausführen können. Denn alle Arbeiten kann man beim Restaurieren nicht selbst ausführen, man ist immer wieder auf Fremdhilfe angewiesen.
Das folgende Verzeichnis soll etwas Hilfestellung leisten, es erhebt aber keinen Anspruch auf Vollständigkeit.
Es gibt mit Sicherheit noch mehr Betriebe, die einem bei der Restauration behilflich sein können. Oft hat man solch einen Betrieb in der Nähe, ohne etwas davon zu wissen. Man schickt vielleicht Teile zum Verchromen wer weiß wohin, obwohl man einen Galvanik-Betrieb ganz in der Nähe hat, der diese Arbeiten auch ausführen würde.
Sehr hilfreich kann bei der Suche das Branchentelefonbuch sein.
Als Restaurator muß man Geduld haben und verschiedene Firmen ansprechen. Man darf sich auch nicht entmutigen lassen, wenn einige Betriebe die Übernahme gewisser Arbeiten ablehnen. Mitunter ist viel Überredungskunst von Nöten.
Die in der folgenden Aufstellung genannten Betriebe sind bereit, die beschriebenen Arbeiten auch für Veteranenfahrzeuge zu übernehmen.
Bitte beachten Sie bei Anfragen aber, daß sie sich wirklich nur auf den beschriebenen Arbeits- bzw. Lieferumfang beziehen.
Manche Firmen haben diesbezüglich schon schlechte Erfahrungen gemacht mit Veteranenfreunden, indem diese wegen irgendeinem Kleinstteilchen anfragten, obwohl der Betrieb damit überhaupt nichts zu tun hatte. Der Briefwechsel kostet dann unnötig Zeit und Geld, und letztendlich ist doch keinem geholfen.
Einige Firmen waren deshalb nicht bereit, hier genannt zu werden.
Denken Sie bitte auch an andere Restauratoren, die nach Ihnen kommen.
Die Aufstellung erfolgte alphabetisch und nicht nach Sparten, da einige Firmen verschiedene Arbeiten ausführen.

Aemisegger, Jakob
Schützenstraße 18
CH-9240 Uzwil
Herr Aemisegger stellt *Schalldämpfer* für Motorräder her. Er ist allerdings schon über 70 Jahre alt, so daß nicht gesagt ist, wie lange er das körperlich noch machen kann.

Daigl, Jo
Am Weiher 55
8961 Kempten
Die Firma Daigl kann für fast alle älteren Motorräder *Kettenräder* und *Ritzel* nach Muster anfertigen lassen.

Dietrich, Otto
Jahnstraße 58
6100 Darmstadt
Herr Dietrich besitzt eine Autosattlerei und übernimmt sämtliche *Sattlerarbeiten.*

Fleckenstein, Josef
Lindigstraße
8752 Kleinostheim
Die Firma Fleckenstein liefert *Felgen* und *Speichen,* speicht Räder ein und zentriert sie.

Häder, Werner
Elf Stücken 21
4520 Melle 1
Die Firma Häder kommt für das Neuwickeln bzw. Instandsetzen von *Magnetzündern* und *Lichtmaschinen* in Frage.

Hoeckle, Eberhard
Postfach 1220
7406 Mössingen
Die Firma Hoeckle fertigt und repariert in erster Linie gleit- und wälzgelagerte *Kurbelwellen.* Darüberhinaus kann die Überholung von Ventiltrieb und Zylinder übernommen werden, eingeschlossen ist die Lieferung von Neukolben.

KA-JA Betriebe
Industriestraße 4
8524 Neunkirchen a. Br.
Die Firma KA-JA restauriert alte *Tachometer.* Es sollten aber alle Teile (auch die defekten) vorhanden sein. Ferner ist die Anfertigung von *Tachowellen* möglich, nach Muster oder genauer Angabe. An Tachoantrieben aller Art ist noch ein Lagerbestand ab Baujahr 1946 vorhanden.

Karcoma-Armaturen GmbH
Postfach 40
7032 Sindelfingen 6
Die Firma Karcoma stellt *Kraftstoffhähne* her und repariert diese auch. Annahme von Reparaturen und Auslieferung nur über den Großhandel.

Kugellager-Spezialfabrik
M. Kronenberger
Postfach 1246
6368 Bad Vilbel 1
Die Firma Kronenberger fertigt *Kugel-, Zylinder-* und *Axiallager* sämtlicher Bauformen und anormaler Größen nach Zeichnung. Ferner können sämtliche Arbeiten an der Mechanik übernommen werden. Die Nachfertigung fast aller mechanischen Teile wie z. B. *Zahnräder* und *Antriebswellen* ist möglich.

Liedl, Ludwig
Dorfstraße 2
8401 Graßlfing
Die Firma Liedl ist in der Lage, *Auspuffrohre* und *Schalldämpfer* für Motorräder nach Muster oder Zeichnung herzustellen.

Peter, Joachim
Lafferder Straße 9
3325 Lengede
Herr Peter hat ein umfangreiches Lager von neuen und gebrauchten *Motorradteilen* von 1924 bis 1955. Gabel-, Kupplungs- und Ventilfedern, Ventile für Jap, MAG und NSU; Getriebeteile für Getrag, Laufräder, Felgen, Getriebe, Motoren, Rahmen, Gabeln, Kupplungsteile usw.

Platen, Karl Heinz
Langschiedstraße 17
6294 Weinbach 1
Die Firma Platen beschäftigt sich mit der Fabrikation von *Seilzügen.* Lieferbar sind Seilzüge für Gas, Kupplung, Bremse usw. nach Muster oder Skizze.

Sobizack, Bernhard
Postfach 1367
4793 Büren
Die Firma Sobizack stellt einbaufertige Pleuelsätze zu Reparaturzwecken her und ist imstande, Kurbelwellen komplett zu überholen.

Schleißing GmbH & Co KG
Mühlenstraße 38
5270 Gummersbach 1
Die Firma Schleißing hat sich ganz auf das Restaurieren von Pkw und Motorrädern spezialisiert. Es können folgende Arbeiten ausgeführt werden: Instandsetzung von Rahmen, Schweißen von Motor- und Getriebegehäusen, Instandsetzung von Motor und Getriebe, Anfertigung von Auspuffanlagen, Schutzblechen, Trittbrettern und Tanks, Anfertigung von Drehteilen, Polsterarbeiten und Verlegen von elektrischen Anlagen. Die Firma übernimmt ferner Glas- und Sandstrahlarbeiten.
Es werden auch komplette Restaurierungen übernommen.

Steindl Motoren KG
Mosacherweg 4
8450 Amberg
Die Firma Steindl überholt *Motoren* komplett. Alle anfallenden Arbeiten werden selbst durchgeführt.

Strohm Karl Gänssle KG
Leobener Straße 63
7000 Stuttgart 30
Die Firma übernimmt Reparaturen an gleitgelagerten *Kurbelwellen,* Instandsetzung von Zylinderköpfen, *Bohren* und *Honen* von Zylindern und die Lieferung der dazu benötigten *Kolben.*

Universal Glieder-Keilriemen
Bundesallee 19
1000 Berlin 15
Die Firma stellt *Gliederkeilriemen* in zwei Qualitäten und neun Profilen her. Für Motorräder empfiehlt sich die „Neoprene-Super" Qualität. Der Verkauf erfolgt über den technischen Handel.

Wilken Autolackierung
Hohe Loga 64
2950 Leer-Loga
Die Firma übernimmt sämtliche Ausbeul-, Spachtel- und Lackierarbeiten; ebenso Beschriftungen.